KB174894

독도 이야기

독도 이야기

초판인쇄 2014년 11월 10일
초판발행 2014년 11월 10일

글 · 그림 권오엽
펴낸이 채종준
편집 백혜림
디자인 박능원
마케팅 황영주, 이행은

펴낸곳 한국학술정보(주)
주소 경기도 파주시 회동길 230(문발동)
전화 031 908 3181(대표)
팩스 031 908 3189
홈페이지 http://ebook.kstudy.com
E-mail 출판사업부 publish@kstudy.com
등록 제일산-115호(2000. 6. 19)

ISBN 978-89-268-6711-2 03980

이담
Books 한국학술정보(주)의 지식실용서 브랜드입니다.

독도
이야기

권오엽 글·그림

독도동화

작가의 말

독도는 우리 땅입니다. 그런데 일본은 그것이 자기들 것이라고 말합니다. 일본이 그런 말을 하는 것은 우리를 얕보는 일입니다. 우리는 옛날부터 일본에 많은 것을 베풀었습니다. 그런데도 그들은 고마운 줄 모르고 필요한 것이 있으면 멋대로 가져갔습니다.

때로는 왜구처럼 쳐들어와서 약탈해 가기도 했고, 때로는 도요토미 히데요시(豊臣秀吉)*처럼 군대를 끌고 와서 침탈해 가기도 했으며 이토 히로부미(伊藤博文)**처럼 국제법을 운운하며 우리를 속이고 모든 것을 차지해 버리기도 했습니다. 그러고도 잘못을 뉘우친 일이 없고, 우리는 그런 일본을 응징한 일이 없습니다. 이런 우리들의 나약하고 애매모호한 자세가 '조선에는 어떤 짓을 해도 된다. 문제만 일으키면 손해 보는 일이 없다'라고 생각하는 일본을 만들어 냈습니다. 그래서 일본은 침략한 일도 없었다며 과거를 부정하고 있습니다.

만일 우리가 불량배들을 보내 일본의 황후를 칼로 베어 죽이고 궁궐에 불을 지르는 만행을 저질렀다면 일본은 어떤 말

---

* 일본의 무장이자 정치가로 임진왜란을 일으킴.
** 일본의 정치가로 조선과 을사늑약을 강제로 체결함.

을 할까요. 우리가 때때로 침략해서 필요한 것을 몽땅 빼앗고 사람들을 멋대로 죽였다면 일본은 뭐라고 말할까요.

초등학교 5학년 때, 제 짝은 심심하면 저를 괴롭혔습니다. 참다못한 저는 결투를 신청했고, 우리 둘은 뒷산에서 싸움을 벌였습니다. 친구들이 둘러싼 가운데 결투를 했는데, 그 친구가 코피를 흘리며 울었습니다. 그리고 잘못했다고 말했습니다. 그 후로 나와 그는 친구가 되었습니다.

잘못을 했더라도 반성하면 사이좋게 지낼 수 있습니다. 그런데 일본은 과거를 반성하지 않습니다. 반성은커녕 독도가 자기들 땅이라며 침략행위를 멈추지 않습니다. 조선은 존재하는 줄도 모르는 섬을 1905년에 일본이 발견했기 때문에 일본 땅이라고 말합니다. 소위 '무주지 선점론'인데, 그것은 오히려 독도가 왜 우리 땅인가를 알려 줍니다.

『삼국사기』가 전하는 우산국이 어떤 나라인지만 알면 일본의 주장이 거짓이라는 것을 알 수 있습니다. 또 조선의 안용복이 어떤 사람인지만 알아도 일본의 주장이 사실과 다르다는 것을 금방 알 수 있습니다.

신라와 합쳐진 우산국은 울릉도와 독도를 영토로 하는 고대국가였습니다. 안용복(安龍福)***은 납치된 1693년에, 일본에서 독도가 조선의 땅이라는 주장을 하여, 일본으로부터 그것을 인정하는 서류까지 받았습니다. 그런 일이 있었는 데도 일본은 모른 척하며 "우산국에 독도가 포함되지 않는다", "안용복은 거짓말쟁이다"라며 기록이 전하는 사실도 부정합니다.

문제는 우리가 역사 연구에 게으르다는 것입니다. 일본이 부정하면, 우리는 더 연구하여 일본을 납득시켜야 할 것입니다. 옛날 어른들은 나라를 빼앗겨 공부할 기회가 없었으나, 지금은 마음만 먹으면 얼마든지 공부도 하고 연구도 할 수 있습니다. 우리가 열심히 연구하면 일본은 거짓말을 할 수 없게 됩니다. 거짓말을 한다 해도 곧 탄로가 나 부끄럽게 됩니다.

이 책은 우리나라와 일본의 기록에 근거해 독도가 왜 우리 땅인가를 확인하는 책입니다. 보다 쉽게 다가가기 위해 이야기형식으로 풀어보려고 부단히 노력했습니다. 그래도 내용이 낯설고 어려울지도 모르겠습니다. 끝까지 읽어주시면 더없이 감사하겠습니다.

2014년 10월 14일 우봉산 아래에서
권오엽

*** 조선 숙종 때, 동해에서 국제 교역을 하면서 울릉도와 독도가 조선의 영토라는 사실을 일본에 알림.

차례

우리 땅 독도,
얼마나 알고 있니?

저녁을 먹고 온 가족이 거실에 모여 텔레비전을 보고 있는데, 독도 관련 뉴스가 나오고 있었다.

"일본이 독도가 자기네 땅이라는 주장을 다시 꺼냈습니다."

뉴스를 들으시던 아빠가 후우~ 한숨을 쉬셨다.

"언제까지 거짓말을 늘어놓을 셈인지……."

중학교에 다니는 언니가 물었다.

"아빠, 일본은 왜 자꾸 말도 안 되는 주장을 해요?"

"그러게 말이다. 독도를 자기네 땅이라고 우기는 목소리가 점점 더 높아지는구나. 동해를 일본해라고 하질 않나, 방송을 통해 독도가 일본 땅이라는 주장을 국제사회에 널리 알리겠다고 하질 않나……."

"아빠, 독도는 우리 땅이 맞잖아요?"

"맞아, 독도는 우리 땅이야. 노래도 있잖아!"

나도 얼른 끼어들었다.

"일본이 허튼소리 못 하도록 외국 사람들에게 독도가 우리 땅이라는 걸 설명하면 되는 거 아니에요?"

답답하다는 듯 언니의 목소리가 높아졌다.

"그럼 우리 승혜가 독도가 왜 우리 땅인지 한번 말해 볼래?"

아빠가 언니를 바라보았다.

"그, 그거야……."

자신만만하던 언니가 대답을 하지 못하고 한참을 망설였다. 그러더니 한숨만 푹푹 쉬었다. 보고 있던 아빠가 언니의 어깨를 토닥였다.

   "막상 말하려고 하니까 무슨 말을 해야 할지 모르겠지?"

   "네……."

   언니가 수줍게 고개를 끄덕였다.

   "독도가 우리 땅이라는 건 다들 아는데, 왜 독도가 우리나라 땅이냐고 말해 보라고 하면 설명하지 못하는 국민들이 아주 많단다. 주장만 했지, 막상 우리 역사에 대해서는 잘 모르거든. 우리 역사를 바로 알아야, 우리 땅을 지켜나갈 수 있는데 말이야. 아빠가 '독도 이야기'를 들려줄 테니 한번 들어볼래?"

   "네, 아빠!"

   언니가 눈을 반짝이며 대답했다.

"저도 듣고 싶어요!"

나도 아빠 옆에 바짝 다가앉았다.
아빠는 큰기침을 두어 번 하시곤 이야기를 시작하셨다.

역사 이전,
천지를 창조한 반고

"독도가 우리나라 땅이라는 걸 알려 주는 역사적인 자료는 아주 많아. 최초의 기록은 김부식(金富軾)[1]이 쓴 『삼국사기 (三國史記)』[2]라는 역사책에 나와 있어. 하지만 오늘은 역사 시대 이전부터 이야기를 시작해 보려고 해. 역사시대란 사람 들이 어떻게 살았는지를 알 수 있는 기록이 남아 있는 시대 야. 하지만 역사책이 쓰이기 전에도 이 땅에는 사람들이 살고 있었어. 그러니까 역사시대 이전의 이야기라고 마냥 무시해 버릴 수는 없지. 역사시대 이전의 이야기야말로 세상이 어떻 게 시작되었는지, 언제부터 이 땅에 사람들이 살게 되었는지 를 알려 주는 이야기니까. 사람들은 역사시대 이전의 이야기 들을 신화라고 한단다."

---

1   고려의 학자이자 정치가로 『삼국사기』를 저술함.
2   1145년 김부식 등이 고려 인종의 명을 받아 편찬한 역사책으로 고구려, 백제, 신라의 역사 를 기록하고 있음.

"아빠, 단군신화 같은 걸 말하는 거죠?"

내가 아는 척을 했다.

"맞아. 신화는 원래 하늘과 땅이 어떻게 만들어졌는지 설명해 주는 이야기야. 그런데 우리나라 신화에는 '하늘의 환웅과 땅의 웅녀가 혼인하여 단군을 낳았다'는 내용만 있을 뿐, 어떻게 해서 하늘과 땅이 생겼는지에 대한 설명이 없어. 고구려나 백제의 신화도 마찬가지야. 고구려의 신화는 '해모수(解慕漱)[3]와 유화(柳花)[4]가 혼인하여 알을 낳았고, 알을 깨고 나온 주몽(朱蒙)[5]이 고구려를 세웠다'는 내용만 있고, 신라의 신화도 '백마가 싣고 내려온 알을 깨고 나온 혁거세(赫居世)[6]가 신라의 왕이 되었다'는 이야기만 있을 뿐, 하늘과 땅이 만들어진 이야기는 나오지 않아. 백제에도 하늘신과 땅신을 조상으로 하는 신화가 있다고 알려져 있지만 전하지 않지. 일본 신화도 마찬가지야. '나의 손자가 지상을 다스려라'라며 천신

---

3   북부여의 시조.
4   고구려 시조인 주몽의 어머니.
5   고구려의 시조. 추모왕이라고도 함.
6   신라의 시조.

이 자신의 후손을 일본의 통치자로 임명했다는 이야기는 나오는데, 하늘과 땅이 어떻게 만들어졌는지에 대한 설명은 없어."

"그럼 하늘과 땅은 어떻게 만들어졌어요? 그 이야기가 남아 있는 신화는 없나요?"

내가 궁금증을 이기지 못하고 묻자,
언니가 잠자코 아빠 이야기를 들으라는 듯 옆구리를 찔렀다.

"중국 신화에는 하늘과 땅이 만들어진 이야기가 나와. 중국 신화에 따르면 맨 처음 우주는 계란 속처럼 하늘과 땅의 구별이 없는 어둡고 깜깜한 세계였어. 그 속에는 거인 반고(盤古)[7]가 1만 8천 년 동안 잠을 자고 있었는데, 어느 날 잠을 자던 반고가 눈을 번쩍 떴어. 하품을 하면서 팔과 다리를 쭉 뻗었지. 그러자 우주가 움직이더니 갈라지기 시작했어. 맑고 밝은 것은 위로 올라가 하늘이 되고, 무거운 것은 가라앉아 땅이 되었지. 그러자 반고가 일어나 '하늘과 땅이 다시 합

---

7   중국의 천지창조신화에 나오는 신. 거인으로 천지를 창조함.

쳐지면 안 돼!'라고 큰소리를 치며 발로 땅을 밟고 팔로 하늘을 받치고 섰어. 서 있는 동안에도 반고는 계속 자랐어. 하늘과 땅의 간격도 계속 벌어졌지. 시간이 지나자 하늘은 점점 높아지고 땅은 점점 단단해졌어.

하지만 세월이 흐르자 반고도 나이가 들어 죽고 말았지. 반고가 죽자 그의 목소리는 천둥이 되고, 왼쪽 눈은 태양이 되고, 오른쪽 눈은 달이 되었어. 머리는 동쪽에 있는 산이 되고, 발은 서쪽에 있는 산이 되고, 몸은 가운데 있는 산이 되었지. 왼쪽 팔은 남쪽에 있는 산, 오른쪽 팔은 북쪽에 있는 산이 되었어. 입김은 바람과 구름과 안개가 되어 세상에 있는 모든 것을 자라게 했고, 피는 강과 바다가 되어 흘렀어. 땀은 비가 되고, 살은 논과 밭이 되고, 근육은 길이 되어 사방으로 뻗어 나갔지. 수염은 별이 되고, 피부의 솜털은 꽃이 되고, 뼈와 이는 보석과 광물이 되었어.

반고가 죽고 나자 비로소 하늘과 땅이 갈라지고, 온 세상이 열리게 된 거야. 하늘에는 태양과 달과 별이 생기고, 땅에는 동물과 식물이 나타나서 살기 시작했지.

그런데 이런 이야기는 중국뿐만 아니라 우리나라나 일본처럼 한자를 쓰는 나라들은 모두 알고 있었어. 우리나라, 중국, 일본 등 동아시아 신화의 뿌리는 같거든. 아마 그래서 우리나

라나 일본 신화는 하늘과 땅이 생긴 이후부터 시작되었던 것
같아."

"아하, 그렇구나!"

아빠가 들려주니 신화가 옛날이야기처럼 흥미진진했다.
아빠의 이야기는 계속 이어졌다.

천제가
태양과 달과 별을
조화롭게

"하늘이 열리고 많은 것들이 생겼지만, 세상은 여전히 혼란스러웠어. 태양과 달, 별이 늘어났거든. 태양은 10개, 달은 30개로 늘어났고, 별은 수없이 많이 생겼어. 모두 한자리에서 빛을 뿜어내자, 열기로 세상은 점점 더 뜨거워졌지.

『후, 더워서 견딜 수가 없어요.』

『눈이 너무 부셔서 앞이 잘 보이지 않아요.』

하늘신은 물론 땅 위의 신, 사람들까지 더위를 피해 그늘을 찾아다니느라 바빴어. 서로 먼저 그늘을 차지하려고 허둥대다가 부딪쳐 짜증을 내며 다투는 일도 늘어났어. 그러다 보니 세상은 늘 시끄러웠지. 그 모습을 보다 못한 천제(天帝)[8]는 신과 사람들을 모아 놓고 회의를 열었어.

『지금처럼 태양과 달과 별들이 계속 같이 있다가는 혼란스러워서 살 수가 없습니다. 질서를 정하는 게 어떻겠습니까?』

모두 손뼉을 치며 좋아했지. 그러자 천제가 조용히 입을 열었어.

『태양과 달, 별들이 활동하는 시간과 장소를 정하는 게 좋겠습니다. 태양은 낮에 나오고, 달과 별은 밤에 나오는 게 어떨까요?』

『좋은 생각입니다. 그러면 더 이상 덥지도 않고 눈도 덜 부실 거예요.』

모두 기꺼이 천제의 의견에 찬성했지. 천제가 10개의 태양을 보며 말했어.

---

8 천지를 통치하는 절대신.

『당신들은 지금처럼 한꺼번에 나오지 말고, 하루에 하나씩 나오면 어떨까요?』

『하루 일하고, 아흐레를 쉬는 거네요. 좋아요!』

태양들은 신이 나서 그 자리에서 바로 순번을 정하는 가위바위보를 했어. 그 모습을 지켜보던 천제가 이번에는 다소곳이 모여서 은은하게 빛을 뿌리는 30개의 달을 보며 말했어.

『달들도 하루에 하나씩 나오는 게 좋겠어요. 단, 날마다 다른 모습을 하고 나오세요.』

천제는 초승달이 점점 커져서 보름달이 되었다가, 다시 작아져서 하현달로 변하는 모습을 그림을 그려가며 알기 쉽게 설명했어.

『알았어요. 그럼 우리는 하루 일하고 29일을 쉴 수 있겠군요. 좋아요!』

달들도 기쁜지 살포시 눈을 감았어. 그러자 그때까지 말없이 반짝거리던 별들이 걱정스럽다는 듯이 말했어.

『그렇게 순서를 정하면 우리는 어떻게 해요?』
『맞아요. 그럼 수가 많은 우리들은 평생 한 번도 못 나타나
고 말 거예요.』

별들의 이야기를 다 들은 천제가 고개를 끄덕이며 말했어.

『그럼 별들은 당번을 정하지 말고, 모두 같이 뒤로 물러서
서 반짝거리는 게 어떨까요?』

『아, 그런 방법이 있었네요. 좋아요!』

별들도 모두 기뻐하면서 뒤로 물러났지.
그 뒤에도 천제는 하늘나라의 질서를 잡기 위해 여러 가지
의견을 내놓았어. 천제가 의견을 내놓을 때마다 하늘에 사는
신, 즉 천신들은 입을 모아 말했어.

『참으로 좋은 생각입니다.』

그렇게 해서 하늘나라의 질서가 잡혔고, 모두 불평 없이 행복하게 잘 살았지.

그러던 어느 날, 하늘신들이 말했어.

『하늘나라의 질서도 잡혔으니, 이제 우리들의 질서도 세웁시다.』

『어떻게요?』

『우리를 다스릴 신을 뽑는 게 좋겠어요.』

하얀 수염을 한 신이 일어서서 말했지.

『그동안 살펴보니, 천제가 아주 지혜롭더군요. 이참에 그를 우리의 지도자로 삼읍시다.』

『좋아요! 천제를 아예 하늘나라의 지도자로 삼읍시다.』

모두 웃으며 찬성했지. 그 뒤부터 천제가 하늘나라를 다스리게 되었단다."

독도와 울릉도는
화산섬이야!

"아빠, 그럼 독도는 대체 언제 생긴 거예요?"

슬슬 잠이 쏟아지려고 해서 아빠를 졸랐다.
아빠는 웃으시며 대답해주셨다.

"처음부터 독도가 있었던 건 아니야. 처음에는 일본과 우
리나라가 한 덩어리였거든."

"에이, 말도 안 돼! 우리나라와 일본이 어떻게 붙어 있어
요?"

"우리가 평소 의식하지 못하지만 끊임없이 숨을 쉬고 있는
것처럼, 지구도 느릿느릿 쉬지 않고 움직인단다. 우리가 모르
는 사이에도 끊임없이 땅의 변화가 일어나지. 지구가 우주 공

간을 빙글빙글 돌다 보면, 겉모양도 변하지만 속도 변하거든. 공기와 부딪치다 보면, 튀어나오는 곳도 생기고 파이는 곳도 생기고 말이야. 또 지구 안에서 출렁거리던 마그마[9]가 땅을 뚫고 솟아나기도 해. 그렇게 땅이 파인 곳에 물이 차면 바다나 호수가 되고, 솟아난 용암이 굳으면 섬이나 산이 되는 거야."

"아빠, 그럼 독도도 마그마가 솟아나서 생긴 거예요?"

언니가 물었다.

"그렇다고 할 수 있지. 3천만 년 전에 우리 땅 한쪽이 동남 방향으로 슬슬 밀려나기 시작했단다. 일본이 우리 땅에서 떨어져 나간 거야. 그러자 일본이 떨어져 나간 빈 곳에 물이 차 넘실거리기 시작했어. 바다가 생겼지. 그게 바로 동해야!
동해는 날마다 햇빛을 받으며 태양초와 고기들을 키웠어. 300만 년 전 어느 날부터, 빛을 받아 모으던 바다 바닥이 점점 부풀어 오르기 시작했지. 계속 부풀어 오르던 바닥이 더

---

9 지하 수십 수백 킬로미터 깊이에 있는 높은 온도의 반액체로 된 물질.

이상 견디지 못하고 솟구치며 용암을 뿜어냈고, 뜨겁게 솟아 오르던 용암은 그대로 동해에 떨어졌어. 시간이 지나자, 용암 이 식어서 섬이 되었고."

"아, 그게 독도군요. 그럼 울릉도는 어떻게 생겼어요?"

언니가 또 아는 척을 하며 끼어들었다.

"독도가 생긴 지 20만 년이 지나자, 이번에는 독도 서쪽 바다의 바닥이 점점 부풀어 오르기 시작했단다. 크게 부풀어 올라서 큰 봉우리를 이루더니 '콰-앙! 콰-앙!' 커다란 소리를 내며 불기둥을 쏘아 올렸지. 또다시 용암이 솟구치기 시작한 거야. 그 용암이 식어서 울릉도가 된 거지."

독도를
다스리게 된
우해

"아빠, 아까 천제가 하늘나라를 다스렸다고 했죠? 그럼 사람들이 사는 세상은 누가 다스렸어요?"

내가 물었다. 아빠는 잠시 참으라는 듯 손짓을 하셨다.

"우리 딸, 잠깐만. 그걸 알려면 천제 이야기를 조금 더 들어봐야 해.

천제가 다스리기 시작하자, 하늘나라는 무척 살기 좋아졌어. 하지만 천제는 거기에 만족하지 않았어. 더 좋은 세상을 만들겠다며 날마다 하늘나라를 돌아다니며 잘못된 곳은 없는지, 불편한 곳은 없는지 두루 살폈지. 태양보다도 일찍 일어나서 하루를 시작했다니까.

천제는 하늘나라 이곳저곳을 꼼꼼히 살펴보고 나면, 늘 백운교에 가서 하늘 아래 세상을 바라보곤 했어. 그럴 때마다 이상스레 동해에 우뚝 솟은 독도와 울릉도에 마음이 가곤 했지.

『참 이상하고 묘한 섬이다. 보면 볼수록 신기하구나.』

『네, 정말 아름다운 섬입니다.』

같이 있던 신들도 동조하며 대답했지.
그때 묵묵히 아래를 내려다보던 천제가 갑자기 팔을 쭉 뻗어서 아래를 가리키며 소리쳤어.

『저것이 무엇이냐?』

검은 머리를 길게 늘어뜨린 아름다운 여신이 물개를 타고 있었지.

『바다신의 딸 같습니다.』

하늘신들이 대답했어. 그때 바다에는 바다신들이, 산에는 산신들이 살고 있었어. 또 나무에는 나무신이, 바위에는 바위신이 살며 제각기 신통력[10]을 자랑하고 있었지.

천제는 구름을 불러 타고 곧장 밑으로 내려갔어. 여신 가까이 내려오자, 구름 위에서 위엄 있는 목소리로 물었지.

『나는 천제다. 너는 누구냐?』

그러자 물개 위에 앉아 있던 여신이 손등으로 이마를 닦으며 살포시 웃으면 대답했어.

『저는 동해를 지배하는 신의 딸, 해녀라고 합니다.』

그 순간 반짝! 해녀의 눈망울에 햇빛이 반사되어 천제의 얼굴을 환히 밝혔지. 이름을 묻는 것은 결혼을 청하는 일이고, 물음에 대답하는 것은 청혼을 받아들이는 일이야. 기분이 좋아진 천제가 해녀에게 말했지.

『참 예쁘구나. 나도 같이 타고 싶구나.』

10　무슨 일이든지 해낼 수 있는 영묘하고 불가사의한 힘이나 능력.

『그렇게 하시지요.』

천제는 얼른 구름에서 내려와서 해녀 뒤에 올라탔어. 둘을
태운 물개가 바다 물살을 획획 가르며 달리자, 천제와 해녀의
웃음소리가 바다 곳곳에 울려 퍼졌지. 둘은 시간이 가는 줄도
모르고 태양이 질 때까지 동해를 빙글빙글 돌며 도란도란 이
야기를 나누었어.

어느새 날이 어둑어둑해져, 천제는 서둘러 하늘나라로 돌
아가야 했어.

『저런, 시간이 벌써 이렇게 되었구나. 다음에 또 보도록 하
자.』

하늘나라로 돌아온 뒤에도 천제는 해녀 생각이 머릿속에
서 떠나지 않았지. 그래서 시간이 날 때마다 해녀에게 내려갔
어. 같이 물개를 타기도 하고, 독도에 나란히 걸터앉아 낮잠
을 즐기는 물개들을 바라보기도 했어. 같이 있기만 해도 둘의
얼굴에선 웃음꽃이 떠나질 않았어.

그러던 어느 날, 해녀가 불쑥 천제를 찾아 하늘나라로 왔어.
여태까지 한 번도 그런 적이 없었던 터라 천제는 깜짝 놀랐지.

『어찌 된 일이오?』

『천제의 아들을 땅 위에서 낳을 수 없어서 올라왔습니다.』

해녀가 둥근 배에 손을 얹고 수줍게 말했어.

『아이를 가졌단 말이오? 잘 왔소!』

천제는 해녀를 꼭 얼싸안았어. 그리고 하늘나라 궁전에서 가장 깊숙한 방을 내어 주었지. 해녀는 서둘러 방으로 들어가, 문을 걸어 잠그고 알을 낳았어. 알에서 나온 찬란한 빛이 밖까지 새어 나오자, 모두 신성[11]한 일이라며 기뻐했지.

알이 태어난 지 칠일이 지난 아침, 알을 깨고 아장아장 남자아이가 걸어 나왔어. 어찌나 환한지 보기만 해도 눈이 부실 지경이었지. 고개를 들자 무지개처럼 환한 빛이 새어 나와 세상을 밝혔고, 발걸음을 뗄 때마다 하늘과 땅이 흔들렸지.

천제는 활짝 웃으며, 아이에게 '성스러운 지도자'라는 의미의 이름을 지어 주었어.

---

11 함부로 가까이할 수 없을 만큼 고결하고 거룩함.

『이제부터 천자인 너를 우해라고 부르마.』

하늘신들이 모두 박수를 치며 축하했어.

일곱이레가 또 지났어. 그사이, 우해는 더 밝고 맑은 빛을 발하게 되었지. 천제는 하늘신들을 모아 놓고 선언했어.

『이제부터는 우해가 천하[12]를 다스릴 것이니, 그리 알라!』

『예, 천명을 받들겠습니다!』

천신들도 모두 축복해 주었지.

해녀는 우해를 데리고 독도로 내려갔어. 우해가 하늘 아래 세상의 지도자가 된 것을 축하하는 영롱한 하늘나라의 음악이 독도의 대한봉(大韓峰)[13]과 우산봉(于山峰)[14] 자락을 거쳐 동해에 울려 퍼졌어."

"아하! 그래서 천제의 아들 우해가 독도를 다스리게 된 거

---

12 천제의 질서로 통치되는 지상(세계)을 말하지만 하늘 아래의 공간을 지칭하기도 함.

13 독도 서도 봉우리 명칭.

14 독도 동도 봉우리 명칭.

구나."

내가 말했다. 그러자 언니가 내 말에 토를 달았다.

"어휴, 독도뿐만이 아니라 하늘 아래 세상 전체를 다스리게 된 거야. 독도가 하늘 아래 세상의 중심이 된 거지. 내 말이 맞죠, 아빠?"

언니 말에 아빠가 씩- 웃으셨다.

'치, 언니는 꼭 저렇게 잘난 체를 한다니까.'

우해와 석녀의
운명적 만남

"아빠, 그럼 그때 독도에는 누가 살았어요? 사람들이 살았
나요?"

내가 물었다.

'언니에게 매번 질 수는 없어! 이렇게 계속 묻다 보면 언젠
가 아빠 맘에 쏙 드는 질문을 하게 될지도 모르잖아.'

아빠가 이야기를 이어가셨다.

"그때 독도에는 신들이 살았어. 여기저기에 동굴이 있어서
살기 좋았거든. 게다가 독도는 바다 한가운데 있어서 안개와
구름이 끼는 날이 많은데, 독도가 안개와 구름에 폭 안긴 모
습은 마치 아기가 엄마 품에 안긴 것처럼 보기가 좋았어. 그

래서인지 어느 날부터, 독도의 동굴에 신들이 찾아오기 시작했어. 시끄러운 세상을 피해 잠시 쉬고 싶은 신, 조용한 곳에서 공부를 더 하고 싶어 하는 신들이 하늘에서 내려오고, 바다를 건너오고, 바다 밑에서도 올라왔지. 독도가 조용하고 아늑해서 살기 좋다는 소문이 퍼지자, 점점 더 많은 신들이 찾아왔어. 문득 고향이 생각나면 잠깐 다녀오겠다고 인사를 한 뒤 하늘에서 내려왔던 신은 하늘로 올라가고, 바다를 건너왔던 신은 바다를 다시 건너가고, 바다 밑에서 올라온 신은 퐁당 다시 바닷속으로 뛰어들어가 용궁으로 내려갔지. 그랬다가도 곧 다시 독도가 가장 살기 좋다며 모두들 돌아오곤 했어. 독도가 자연스레 하늘나라와 바닷속 나라를 오고 가는 통로가 된 거야.

천자 우해는 신들이 자유롭게 독도를 오고 가는 것을 흐뭇하게 지켜보았어.

「허허, 독도는 이만하면 내가 신경 쓰지 않아도 되겠구나!」

그러던 어느 날, 우해는 신들을 불러 모아 독도를 떠나겠다고 말하고 울릉도로 건너갔어. 울릉도에 살던 신과 사람들이 모두 해변에 나와 우해를 반겨 주었지. 우해가 울릉도에 천제의 뜻을 펴는 세상을 열겠다고 선언하자, 모두 환영해 주었어. 우해는 곧바로 성인봉(聖人峰)[15]으로 올라가서 울릉도를 다스리기 시작했어.

천자 우해가 다스리자, 울릉도는 점점 더 살기 좋아졌어. 먹을 것도 풍족해지고, 좋은 일들도 많이 생겼지. 그럴 때마다 우해는 제단을 차리고 태양을 향해 절을 하며 천제님께 감사의례를 올렸어.

『감사합니다. 이게 모두 천제님 덕택입니다.』

우해는 어려운 일이 있을 때도 천제에게 제사를 올렸어. 태양이 독도 위로 떠오르는 시각에 제사를 지내면 태양은 우해를 바라보며 웃었어. 그렇게 우해가 천제를 숭배하자, 다른 신과 사람들도 모두 우해를 따라 태양을 보고 절을 하기 시작했어. 생활주기도 태양에 따라 맞춰졌지. 태양이 뜨면 일어나고, 태양이 지면 잠자리에 들었거든.

어느덧 시간이 흘러 섣달그믐이 다가오자, 우해는 신하들에게 명령했어.

---

15 경상북도 울릉군 울릉도에 있는 가장 높은 산봉우리

『새해 첫날에는 독도에서 떠오르는 해를 맞이하는 영일제(迎日祭)를 올릴 것이다. 준비하여라!』

신하들은 신이 나서 노래를 부르며 제단에 올릴 제물을 준비했지.

『비늘이 넓은 고기, 비늘이 좁은 고기, 털이 빳빳한 짐승, 털이 부드러운 짐승, 산에서 나는 산물, 바다에서 나는 산물을 두루두루 모아서 바치자.』

섣달그믐이 되자 우해는 제물을 들고 독도로 건너갔어. 독도에 있던 신들이 모두 동굴에서 나와 우해를 반겨 주었지. 우해는 성대한 제단을 차리고 영일제를 올렸어. 그리고 제사가 끝난 후 제사상에 올렸던 음식을 나누어 먹으며 즐거운 시간을 보냈지.

그때 우해의 눈이 춤을 추고 있는 한 여신에게 가서 머물렀어.

「세상에! 어쩌면 저렇게 아름다울 수가 있단 말인가!」

천자 우해는 자신도 모르게 스르르 자리에서 일어나, 옷자락을 휘날리며 춤을 추는 여신에게 다가갔어.

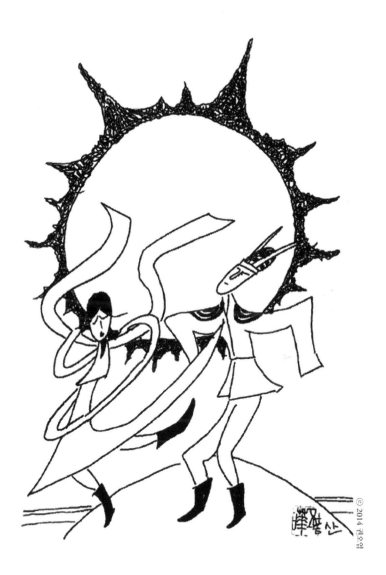

『아름답구나. 이름이 무엇이냐?』

깜짝 놀란 여신은 춤을 멈추고 우해를 잠시 바라보더니, 낭랑한 소리로 대답했지.

『독도에 사는 석녀입니다.』

『곱구나. 너와 같이 춤을 추고 싶구나.』

석녀가 살포시 웃자, 우해는 다가가서 그녀의 손을 잡고 춤을 추기 시작했어. 그러자 모여 있던 신과 사람들 모두 함께 춤을 추며 노래를 불렀지. 아름다운 노랫소리가 동해를 건너 울릉도까지 울려 퍼졌어."

"아빠, 우해가 한 질문에 석녀가 답을 했으니, 둘이 결혼을 한 거네요."

"그렇지. 우리 효정이가 아빠 이야기를 아주 잘 듣고 있구나."

아빠가 흐뭇한 표정으로 날 바라보셨다.

시끌시끌,
혼란에 빠진
울릉도

"새해가 되어 우해는 석녀를 거느리고 울릉도로 돌아왔어. 우해가 어질고 울릉도를 잘 다스린다는 소문이 나서, 그 사이 많은 신과 사람들이 울릉도를 찾아왔지. 그중에는 죄를 짓고 도망치거나, 배가 부서져 바다 위를 무작정 떠돌다가 오는 사람들도 있었어. 그들이 '제발 이곳에서 살게 해주세요'라며 간청을 할 때마다, 우해는 흔쾌히 받아 들여 주었어. 그들을 따뜻하게 감싸고 받아들이는 것이 천제의 뜻이라고 생각했거든. 그러자 점점 더 많은 신과 사람들이 울릉도를 찾아왔어. 그런데도 우해는 조금도 귀찮아하거나 인상을 쓰지 않았어. 먹을 것은 모자라지 않는지, 아픈 곳은 없는지 두루 살폈지. 그들을 모두 품은 거야. 그러자 그들은 울릉도에서 살게 되어 행복하다며 무척 좋아했어. 우해는 울릉도 이곳저곳에 흩어져 사는 신들에게도 정성을 다했어. 그러자 신들 사이에서도 우해의 덕을 칭송하는 소리가 높아졌지.

『우해님은 천제의 자식이면서도 참 겸손한 것 같아요.』

『우리가 지금처럼 평안하게 지낼 수 있는 것도 다 천자님 덕분이에요. 우리도 천자님을 돕는 게 어떨까요?』

『맞아요, 우리가 힘을 합하면 울릉도가 더 살기 좋은 곳이 될 거예요.』

나무에 사는 신은 나무 꼭대기에서, 바위에 사는 신은 바위 밑에서, 강에 사는 신은 물속에서 저마다 우해를 도울 수 있는 일을 찾으려고 노력했어.

『어떻게 하면 모두 건강하게 살 수 있을까?』

『어떻게 하면 해마다 풍년이 들게 할 수 있을까?』

신들이 저마다 자신만의 방법으로 우해를 돕자, 울릉도에는 먹을 것이 넘쳐 났어. 병들거나 아픈 사람 없고, 인심 넉넉

하고, 서로가 서로를 배려하니, 좀처럼 얼굴 붉힐 일이나 다툴 일이 없었지. 섬에 웃음소리가 그칠 날이 없었어.

그런데 언제부터인가 울릉도가 조금씩 변하기 시작했어. 인간들은 행복해지자 감사할 줄 모르고, 조그만 일에도 화를 내고 싸우려고 했어. 우해는 그런 사람들을 볼 때마다 안타까웠어.

『허허, 왜들 저럴까?』

하지만 시간이 지날수록 사람들은 점점 더 거칠어졌어. 만나기만 하면 서로 욕을 하고, 머리를 쥐어뜯고 싸웠어. 가족들끼리도 싸우고, 이웃과도 서로 자기가 잘났다고 으르렁거렸지. 보다 못한 우해는 울릉도를 한 바퀴 돌아봐야겠다고 생각했어.

『왜들 그러는지 이유를 알아보고 와야겠구나.』

첫째 날, 우해는 아침 일찍 신들과 함께 성인봉을 떠나 동쪽으로 1만여 걸음을 걸어갔어. 넓은 해변이 나왔지. 큰 시장이 열리는 날이라 사람들이 북적북적했어. 한쪽에서 젊은 남자 두 명이 서로 삿대질을 하며 싸우고 있었어. 우해는 슬그머니 그 옆으로 다가갔어.

『에이, 고기를 날로 먹는 야만인.』

『흥, 네가 날고기 맛을 알아? 알면 야만인이라고 욕하지는 못할걸.』

고기를 어떻게 먹느냐는 개인의 식성이고 단체의 관습이라 무엇이 옳고 그른지 따질 수 있는 문제가 아닌데도, 두 사람은 서로 목소리를 높여 상대방의 식생활을 비난했지.

『쯧쯧, 먹을 것이 없어서 싸우는 게 아니라, 먹는 방법을 놓고 다투다니! 복에 겨웠군.』

같이 갔던 신들이 모두 혀를 찼어. 우해는 슬며시 다른 곳으로 갔지. 그런데 가는 곳마다 사람들이 삼삼오오 모여 다투고 있었어. 사람들은 모두 빙 둘러서서, 남의 일이라는 듯 구경만 하고 있었지. 이곳저곳 둘러보던 우해는 해 질 녘이 되어서야 성인봉으로 돌아왔어.

둘째 날, 날이 밝자 우해는 신들을 데리고 서쪽으로 1만 3천 걸음을 걸어갔어. 정오를 좀 지나서야 넓은 해변 마을에 도착했는데, 이곳도 시끄럽기는 마찬가지였어.

『야, 이놈아! 보기 흉하다 머리 좀 깎아!』

『쳇, 이게 어때서? 빡빡 민 너보다 훨~씬 낫다.』

총각 두 사람이 머리 문제로 다투고 있었어. 머리나 수염은 개인의 생각에 따라 기를 수도 있고 자를 수도 있어. 또 집단의 풍속일 수도 있으니 누가 간섭할 문제가 아니야. 그런데도 두 사람은 자기와 다르다고 서로 흉을 보며 다투고 있었어.

『쯧쯧, 서로 다르다는 것을 이해하면 될 것을.』

같이 갔던 신들이 안타깝다는 듯이 혀를 찼지. 우해는 그저 말없이 여기저기 돌아다니며 사람들이 다투는 모습을 바라보기만 했어. 해 질 녘이 되어서야 성인봉으로 돌아왔지.

사흘째 되던 날, 우해는 신들을 데리고 남쪽으로 1만 5천 걸음을 걸어갔어. 이곳 사람들은 무슨 불만이 그리 많은지,

얼굴이 잔뜩 일그러져 있었어. 오고 가는 사람들이 하나같이 두 눈썹 사이를 잔뜩 찌푸리고 있어서, 보기만 해도 기분이 나빠질 정도였지. 우해 일행이 잠시 걸음을 멈추고 서 있는데, 아니나 다를까 또 싸움이 일어났어.

『허허, 어린놈이 버르장머리가 없구나.』

『이 늙은이가? 나이만 먹으면 다야?』

웃통을 벗어부친 청년이 수염이 하얀 노인에게 대들고 있었지. 청년 뒤에는 아버지처럼 보이는 노인이 뒷짐을 지고 이를 지켜보고 있었어. 마치 남의 집 어른에게는 예의를 차리지 않아도 된다는 듯한 표정이었어. 힘에 부친 노인이 분하다는 표정을 지었지만, 말리는 사람도, 젊은이를 꾸짖는 사람도 없었어.

보고 있던 신들이 쯧쯧, 혀를 찼지. 하지만 그런 장면에 익숙해진 우해는 더 이상 놀라지 않았어. 묵묵히 바라보다가 다른 곳에서 떠드는 소리가 들리면 그쪽으로 슬며시 발길을 옮겼지. 그렇게 이곳저곳을 살펴보다가 해가 지자 성인봉으로 돌아왔어.

팔천보

만쌍천보

만보

만오천보

© 2014 권오원

나흘째 되던 날 우해는 신들과 같이 또 길을 나섰어. 이번에는 북쪽으로 8천 걸음을 걸어갔지. 이곳 역시 앞서 다녔던 곳과 크게 다르지 않았어. 여기저기서 다투는 소리가 들렸어. 큰 소리가 나는 곳으로 가자, 젊은이 두 사람이 피를 흘리며 주먹질을 하고 있었어. 그 바로 옆에서는 머리가 하얀 노인들도 다투고 있었지.

『절을 할 때는 허리를 굽혀야지.』

『허허, 아니지. 엎드려야지.』

옥신각신하던 노인들은 결론이 나지 않자, 구경꾼에게 물어봤어.

『누구 말이 맞는지 판결 좀 내려 주구려.』

그러자 모여 있던 구경꾼들까지 두 편으로 갈라져 소리를 높이며 싸우기 시작했어. 서로 자기만 옳다고 주장하는 사람들을 보자, 우해는 할 말이 없었어. 입을 꼭 다물고 생각에 잠긴 채 성인봉으로 돌아왔지."

태양 숭배로
다시 하나가 되다

"아빠, 우해가 속이 많이 상했겠어요."

내가 말했다. 울릉도를 천하의 중심으로 만들려는 천자 우해의 뜻을 모르는 사람들이 안쓰럽다는 생각이 들었다.

"그럼. 많이 안타까웠지. 울릉도를 돌아보고 온 우해는 깊은 생각에 잠겼어. 먹고살기 위해 싸우는 문제야 먹을 것을 마련해 주면 해결되지만, 서로 생각이 달라서 싸우는 문제는 쉽게 해결할 수 있는 게 아니거든. 사방[16]에서 모여들어 이룬 사회에서는 흔히 볼 수 있는 일이지만, 울릉도의 경우는 좀 심했어. 하긴 고구려, 백제, 신라, 왜와 중국 등 사방에서 모여와 사니, 같은 생각을 하게 한다는 것은 어려울 수밖에 없었지.

---

16 동, 서, 남, 북. 옛날에는 천하를 의미하기도 했음.

『허허, 상대를 이해하지 않으려고 하는 것이 원인이로구나. 어떻게 하면 서로를 이해하며 함께 어우러질 수 있을까?』

우해는 사람들이 울릉도에 살게 되었다며 기뻐하던 때로 돌아가게 하고 싶었어. 사람들의 웃음소리가 넘쳐 나던 때로 돌아가게 하고 싶었지. 그래서 며칠 동안 생각에 빠졌어.

며칠 뒤, 우해는 각 지역의 대표들을 모두 불러 모았어. 연락을 받은 대표들이 한자리에 모여 빙~ 둘러앉았지. 그런데 서로 인사는 나누지 않고 멀뚱멀뚱 바라만 보고 있었어.

『허허, 왜들 그러고 있느냐? 만났으면 인사를 해야지.』

우해의 말에도 대표들은 꿈쩍도 하지 않았어. 애써 딴 곳만 보았지. 아무 말 없이 한참을 지켜보던 우해는 신하들에게 음식과 술을 내어 오라고 했어. 그리곤 모른 척 시치미를 떼고 말했지.

『모처럼 모였으니 다들 식사나 하고 가게.』

대표들은 우해가 화는 내지 않고 오히려 음식을 베풀자 어리둥절했어. 하지만 우해가 더 이상 말을 하지 않자, 어찌 된 일인지 묻지도 못하고 수저를 들었지. 옆자리에 앉은 사람과 말을 주고받거나, 술을 권하는 일 없이 그저 각자 음식을 먹었어. 그러니 음식을 먹는 자리가 즐거울 리가 있나. 그때 한 사람이 불쑥 일어나, 답답해서 견딜 수 없다는 표정으로 주위를 둘러보며 말했어.

『후, 우리 말 좀 합시다! 내가 살던 부여에서는 태양을 숭배하며 모두 같이 어울렸습니다. 그래야 풍년이 들고 질병도 퍼지지 않습니다. 이렇게 서로 소 닭 보듯 하면 태양의 노여움을 삽니다.』

부여에서 온 사람이 자리에 앉자, 다른 사람이 일어나서 말했어.

『우리 고구려에서도 태양을 숭배하며 같이 춤을 추고 노래 부르는 것을 즐깁니다. 그래야 풍년이 듭니다.』

또 다른 사람이 일어서서 말했지.

『우리 동예에서도 추수를 마치면, 같이 춤추고 노래하며 태양을 칭송합니다.』

그러자 여기저기에서 맞장구를 치며 신기해하는 소리가 들렸어.

『우리 고향도 그런데, 어쩜 저렇게 비슷할까?』

그때 삼한에서 왔다는 사람이 일어서더니 말했어.

『우리 마한에서는 소도(蘇塗)[17]에 모여서 풍년을 기원하며 즐겼습니다. 그런데…….』

그 사람이 아쉽다는 표정을 지으며 푸욱 긴 한숨을 쉬자, 여기저기서 한숨이 터져 나왔지.

『그런데, 왜 우리는 어울리지 못하고 다투기만 할까요?』

---

17 삼한의 신성 지역. 천신에게 제사를 지내던 곳으로 정치적 지배력이 미치지 못해 죄인이 들어가도 잡아가지 못했음.

『이러지 말고 우리도 같이 어울리는 게 어떨까요?』

어디선가 불쑥 이런 소리가 들리자, 여기저기에서 맞장구를 쳤어.

『좋아요. 우리도 같이 어울립시다.』

고구려에서 왔다는 사람이 먼저 벌떡 일어나 성큼성큼 옆자리로 갔어. 그리곤 옆에 앉은 사람에게 술잔을 권하며 말을 걸었지.

『제가 한 잔 따르겠습니다. 어디에서 오셨습니까?』

그러자 상대도 받은 술잔을 단숨에 비우고, 술잔에 술을 따라 건네주었어.

『저는 부여에서 왔습니다. 제 술도 한 잔 받으세요.』

다른 사람들도 그렇게 서로 술잔을 주고받으며 이야기를 나누었지.

『우리 고향에서는 태양을 숭배하는데, 당신네 고향에서도 그럽니까?』

『그럼요.』

사람들은 서로 통하는 것이 있으면 반갑다는 듯 활짝 웃었고, 처음 듣는 이야기가 있으면 눈을 동그랗게 뜨며 흥미를 보였지.

『거 참 신기하네요. 그런 일도 있군요?』

시간이 흐를수록 분위기는 부드러워졌어.

『지난번에는 제가 실례했습니다. 용서하세요.』

잘못을 사과하는 사람까지 생겼지. 분위기가 점점 무르익자, 부사산(富士山)[18]과 곤륜산(崑崙山)[19]에서 왔다는 사람들

---

18 일본을 대표하는 산으로, 시즈오카 현 북동부와 야마나시 현 남부에 걸쳐 있음.
19 중국 전설에서 멀리 서쪽에 있어 황하강의 발원점으로 믿어지는 신성한 산.

도 일어나서 자기들을 소개했어.

『제가 살던 일본도 태양을 숭배합니다.』

『중국도 마찬가지입니다.』

술잔은 돌고, 사람들 웃음소리는 점점 더 높아졌지.

그때까지 말없이 보고만 있던 천자 우해가 그들을 둘러보며 물었어.

『무엇이 그렇게 즐거운가?』

『예, 우해님. 서로 다른 줄만 알았는데, 우리에게 태양을 숭배한다는 공통점이 있다는 것을 이제야 알았습니다. 그동안 저희가 어리석었습니다. 지금부터라도 다투지 않고 서로 화합하며 잘 살겠습니다.』

『허허, 좋은 것을 깨달았구나. 그렇게 하면, 태양이 너희들을 지키고 보호해 주어, 더 행복해질 것이다.』

우해가 흐뭇하다는 듯이 껄껄 웃었어. 우해가 벌떡 일어나 하늘을 도는 태양을 향해 절을 올리자, 대표들도 모두 일어나 절을 올렸어."

"아빠, 우해님이 참 현명한 것 같아요."

언니가 웃으며 말했어.

"그럼. 스스로 자기 잘못을 깨닫고 하나가 되게 했으니, 우해야말로 좋은 지도자지."

우산국과
우해왕의 탄생

"태양을 숭배한다는 공통점을 확인한 뒤로, 울릉도 사람들은 많이 달라졌어. 예전처럼 다투지 않았어. 만나면 서로 정답게 인사를 나누고, 어떤 문제가 일어나면 상대의 의견을 귀기울여 듣고 도와주려 애썼지. 그렇게 하는 것이 문제를 해결하는 방법이라는 걸 깨달았거든. 그래도 해결하기 어려운 일이 생기면 우해를 찾아갔어.

『우해님, 어떻게 하면 좋겠습니까?』

그때마다 우해는 좋은 방법을 일러 주었지.

그러자 사람들은 우해를 왕으로 모시기로 의견을 모았어. 지금까지는 우해가 시키는 대로 따르기만 했는데, 지혜가 생기면서 사람들도 자신들의 의견을 말하기 시작한 거야. 사람들은 우해를 찾아가서 자신들의 생각을 전했어.

『우해님, 부디 왕이 되셔서 저희들을 이끌어 주세요.』

『굳이 그럴 필요가 있겠는가?』

우해는 정중히 거절했지. 하지만 사람들이 계속 간청하자, 매번 거절만 할 수는 없었어.

『알았네. 힘을 모아 신과 사람들이 어울려 살아가는 세상을 열어 보세.』

우해는 왕이 되자, 가장 먼저 나라 이름을 무엇으로 하면 좋을지 물었어. 사람들은 오래도록 머리를 맞대고 의논한 뒤에 대답했지.

『우해왕이 다스리시니 '성스러운 강산'을 의미하는 '우산국'으로 하는 게 좋겠습니다.』

『'나와 태양이 지키고 보호하는 나라'라는 뜻도 있으니, 그게 좋겠구나.』

우해왕은 흔쾌히 백성들의 의견을 받아들여 나라 이름을 우산국으로 정했어. 독도를 신앙의 대상으로 삼고, 백성들이 살아가는 데 필요한 법도 차례차례 만들었지. 그러자 우산국은 질서가 잡히고 점점 더 풍요로워졌어. 백성들은 아무 걱정 없이 배불리 먹으며 늘 격양가(擊壤歌)[20]를 불렀지.

그러던 어느 날, 우해왕이 신하들을 불러 모았어.

『나라도 안정되고 평화로우니, 나는 이제 그만 하늘나라로 돌아가야겠다. 천손인 왕자에게 나 대신 우산국을 다스리게 할 것이다.』

너무 갑작스러운 일이라 신하들은 깜짝 놀랐어.

『전하, 아니 되옵니다. 우리를 버리시면 아니 되옵니다.』

모두 울면서 말리자, 우해왕이 말했어.

『왕자가 나라를 다스려도 변하는 것은 없다. 나도 하늘나

---

20   태평한 세월을 즐기어 땅을 두드리며 부르는 노래.

라에서 도우마.』

우해왕은 말을 마치자마자, 구름을 타고 하늘나라로 올라
갔어.

우해왕이 떠나고 신하들은 우해왕과 석녀 사이에서 태어
난 천손을 왕으로 떠받들었어. 제일 먼저 천손과 신하들은 회
의를 열었어. 왕이 바뀌었으니, 왕의 호칭부터 새로 정해야
했거든.

『왕호를 무엇으로 정하면 좋겠습니까?』

천손 우해가 묻자, 나이 든 신하가 말했어.

『몸이 늙으면 영혼이 젊은 몸으로 옮겨 간다고 합니다. 그
러니 왕의 칭호를 새로 정할 것이 아니라, '우해왕'이라는 호
칭을 그대로 쓰는 게 어떻겠습니까?』

천손 우해가 웃으며 고개를 끄덕였어.

『좋아요. 영혼은 혈통을 따라 후손에게 이어지니, 대대로

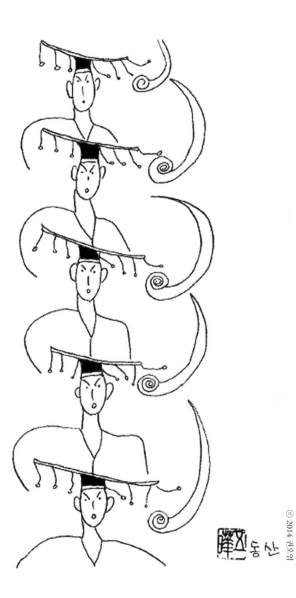

우산국 왕호를 우해왕이라고 부르기로 합시다.』

그다음부터 우산국의 왕은 대대로 우해왕이라고 칭했지.
2대 우해왕, 3대 우해왕, 4대 우해왕……. 대를 이어 우해왕이 나라를 다스리는 동안, 사람들도 나날이 지혜로워졌어. 그러던 어느 날, 신들이 모여 이야기를 나누었어.

『이제 사람들의 세상이니, 우리들은 숨어서 나타나지 않는 것이 좋겠어요.』

신들은 자신들의 뜻을 우해왕에게 전했어.

『전하, 사람들의 지혜가 날로 높아져서, 이제 저희들이 할 일이 그다지 없습니다. 앞으로는 사람들이 서로 의논하여 나라를 다스려도 충분할 것 같습니다.』

우해왕은 그때부터 사람들의 의견도 받아들이며 나라를 다스렸단다."

천제의 혈통
우해왕은
태양을 숭배해

"우산국 사람들에게 이 세상에 어느 나라가 가장 먼저 세워졌는지 아느냐고 물으면 모두 서슴없이 우산국이라고 대답할 거야. 우산국은 독도와 울릉도로 구성되어 있어. 울릉도의 하루는 동쪽에서 태양이 뜨면 시작해서, 서쪽으로 태양이 지면 끝나. 그래서 태양이 구름에 가리거나 비바람으로 보이지 않게 되면, 우산국 사람들은 불안해 하지.

'우리가 나쁜 짓을 했나?', '우리의 정성이 부족한가?'

자신들을 반성하지. 어두운 밤이나 차가운 북풍이 몰아치면 태양이 나타나기만을 기다렸어. 태양이 나오면, 사람들 소망대로 바람과 추위가 물러나고 하늘도 맑아지지. 그래서 우산국 사람들은 '위대한 태양이 우리를 지켜준다'고 믿으며 태양을 숭배했어. 태양이 자신들을 위해 존재한다고 믿었지.

우해왕은 태양을 모시는 의례를 자주 올렸어. 원하는 일이 이루어지면 감사의례를 올렸고, 문제가 생기면 해결 방법을 비는 의례를 올렸지. 그래서 사람들은 태양과 우해왕이 어떤 관계인지 늘 궁금했어. 하늘의 자손이 왜 굳이 태양에게 절을 하는지 이해할 수가 없었거든. 그러자 역관(曆官)[21]이 나서서, 우해왕은 천제의 아들이고, 태양은 천제의 사신이라고 설명해주었어. 그래도 사람들이 고개를 갸우뚱거리자, 역관은 조금 더 자세하게 알려 주었지.

『천제의 후손이 사람 모습으로 나타난 것이 우해왕이고, 천제의 명으로 하늘을 도는 것이 태양이란다. 우해왕은 천제의 혈통이고, 태양은 천제의 사신이지.』

그제야 사람들은 고개를 끄덕였어. 역관이 조그맣게 말했어.

『그런데 천제가 우리를 지켜 주기도 하지만, 우리에게 벌을 내리기도 한다는 걸 아는가?』

『에구머니나, 벌을 내린다고요? 그럼 천제님은 어떤 사람

---

21   달력에 관한 일을 맡아보던 벼슬아치.

을 지켜 주나요?』

『천제를 기쁘게 하는 사람을 지켜 주고 도와주지. 그래서 천제님께 제사도 지내는 거야.』

『아, 그렇군요. 정성을 다하면, 누가 제사를 지내도 효과는 같겠지요?』

『아니지, 후손이 지내야 효과가 가장 크지.』

역관은 신은 공평하다고 알려져 있지만, 신들도 좋아하는 것과 싫어하는 것, 좋아하는 사람과 싫어하는 사람이 있다고 알려 주었어. 신들은 좋고 싫은 것을 풍년이나 흉년, 장마나 가뭄으로 알려 주는데, 어떨 때는 전염병을 퍼뜨리고는 꿈에 나타나서 '내 후손을 잘 대접하면 멈추게 하겠다'고 말하면서 전염병의 원인과 물리치는 방법까지 알려 준다는 거야. 사람들이 자기가 시키는 대로 하면 전염병을 거둬들이는 거지. 이때 누군가가 말했어.

『천제의 뜻에 어긋나지 않도록 착하게 살며 제사도 잘 지내야겠네요. 어쨌든 우리는 천손이 다스리는 나라에 살아 서 다행이에요.』

조용히 이야기를 듣고 있던 사람들이 모두 안심된다는 표정을 지었지. 그때 한 사람이 일어나더니 역관에게 물었어.

『신라도 하늘에서 내려온 혁거세가 세운 나라이니, 우리처럼 천제의 도움을 받겠네요.』

그러자 역관이 고개를 저었어.

『우해왕은 천제의 혈통을 이은 후손이지만, 혁거세는 그저 하늘에서 살다가 내려온 하늘신일 뿐이야. 둘은 혈통이 달라. 환인의 아들 환웅이 낳은 단군이 조선을 세웠기 때문에, 단군은 천제(환인)를 대신해서 조선을 다스릴 수 있었어. 천제와 유화부인이 혼인해서 낳은 주몽이 고구려를 세웠기 때문에, 주몽도 천제를 대리해서 고구려를 다스릴 수 있었지.』

흥미롭게 듣고 있던 사람들이 어깨를 으쓱거리며 좋아했어.

동산

『아하, 천제의 후손이 다스리는 것과 하늘에 살던 신이 다스리는 것은 다르다는 거죠? 천제의 후손이 세우고 다스리는 우산국에 사는 것이 참으로 자랑스러워요.』

그때 누군가 고개를 갸웃거리며 물었어.

『그런데 왜 천제의 후손인 우해왕이 천제의 사자인 태양에 제사를 지냅니까?』

『사자를 격려하고 위로하는 것이 천제의 후손들이 해야 할 도리이기 때문이지. 천제의 후손이니, 천제의 명령을 따르는 사자를 존중하는 것은 당연한 일이지.』

『아하, 그래서 우해왕이 산과 들에 사는 자연신들께도 제사를 지내는군요.』

사람들은 그제야 우해왕이 기이하게 생긴 바위나 커다란 나무를 정성껏 모시는 의미를 깨닫고 고개를 끄덕였어. 그때부터 사람들은 우해왕을 태양처럼, 태양을 우해왕처럼 숭배하며 살았단다."

태양제

"태양을 맞이하러 가자."

사람들은 설날 아침 태양을 보면 운수가 좋다며, 밤을 새워 동해로 달려가요. 태양이 떠오르기를 기다렸다가, 각자 원하는 소원을 빌지요. 지는 태양에 나쁜 운을 실어서 보내겠다며 서해를 찾아가는 사람들도 있어요. 뜨는 태양에 빌건 지는 태양에 빌건, 태양을 향해 빈다는 점은 같아요. 이게 모두 태양 숭배 사상이 남아 있기 때문이에요.

옛날 사람들은 모든 것이 신의 조화라고 생각했어요. 사람들의 운이 좋고 나쁜 것은 물론, 자연의 변화도 신의 뜻이라고 믿었지요. 그래서 제사를 통해 신을 즐겁게 하려고 노력했어요. 신을 기쁘게 하는 것이 소원을 이루는 길이라고 생각했거든요.

그래서 하지(夏至)가 지나도 비가 내리지 않아 가뭄이 들면, 왕이 직접 제단을 차리고 비를 내려 달라고 기우제(祈雨

祭)를 올렸어요. 추분(秋分)이 지났는데도 비가 그치지 않으면, 제단을 차리고 제발 비가 그치게 해 달라고 기청제(祈晴祭)를 올렸지요. 그런데도 가뭄이 풀리지 않거나 장마가 계속되면 왕이 덕이 없어서 그런다고 생각해서 왕을 바꾸기도 했어요.

그래서 왕들은 풍성한 제물을 차려 놓고 신나는 춤과 노래를 올려 신을 즐겁게 하려고 노력했어요. 산에서 나는 것, 바다에서 나는 것, 들에서 나는 것…… 준비할 수 있는 것을 모두 제물로 차리고 그것을 열거하는 노래를 부르며 춤을 추었죠. 그래야만 신이 감동해서 소원을 들어준다고 믿었거든요.

독도 위로 떠오른 태양은 울릉도를 지나 서쪽 바다로 져요. 그래서 우산국 사람들은 독도를 태양이 살고 있는 곳이라고 여기며 숭배했어요. 옛날에는 태양이 열 개나 있어서, 하루에 한 개씩 나와서 하늘을 돌았거든요. 하루를 일하면 구일을 쉬었지요. 당번 태양은 새벽에 몸을 씻고 동쪽에 있는 나무에 올라 여섯 마리의 용이 끄는 마차를 타고 하늘을 돌아 서쪽 바다로 졌어요. 바다 밑의 통로를 통해 동쪽으로 돌아가서, 아흐레를 쉬면서 다음 차례를 기다렸지요. 그래서 태양이 동쪽에 나타나면, 울릉도 동쪽에 사는 사람들은 태양을 환영하는 영일제를 올렸어요. 서쪽에 사는 사람들은 지는 태양을 맞아들이는 납일제(納日祭)를 올렸고요. 산속에 사는 사람은 산속에서, 들에 사는 사람은 들판에서, 태양을 맞이하고 보내는 의례를 올렸지요. 그렇게 각자의 위치에 맞는 의례를 올리며, 태양이 자신을 지켜 준다는 것을 확고히 믿었어요.

대마도를
정벌한 우해왕

"그 무렵 바다 건너에는 백제, 고구려, 신라 삼국이 서로 다투고 있었어. 사람들의 지혜가 발전하자 이웃 나라와의 교류도 늘어나고, 서로 자기네 영토를 넓히려는 의욕 때문에 분쟁도 빈번해졌지. 영토를 넓히기 위해 나라 간의 교류도 활발하게 일어났어. 우산국도 삼국은 물론, 중국이나 일본과 교류를 하고 있었지.

그러던 어느 날, 왕자 우해가 궁전으로 뛰어들어오며 소리쳤어. 이 우해는 우해왕이 왕자일 때, 천하를 순회하다 여신국 공주를 맞이하여 얻은 왕자였는데, 어느덧 나라의 일을 걱정할 정도로 성장해 있었지.

『전하, 대마도 놈들이 또 나타났습니다!』

대마도(對馬島)는 우산국의 남쪽에 있는 섬인데, 땅이 메

말라서 그런지 그곳에 사는 자들은 게으르고 거칠었어. 땀을 흘리며 성실히 살려고 하지 않았지. 우해왕은 그런 그들을 가엾이 여겨 식량을 나누어 주곤 했지만, 틈만 나면 나쁜 짓을 했어. 보고를 받은 우해왕이 궁숭에게 말했어.

『더 이상 두고 볼 수가 없구나. 이참에 아예 정벌하여 혼내 주도록 해라.』

왕자는 병사들을 이끌고 대마도로 갔어. 왕자가 대마도에 도착하자마자, 소문을 들은 대마도주가 맨발로 뛰어 나왔지. 대마도주는 손이 발이 되도록 빌었어.

『왕자님, 죽을 죄를 졌습니다. 용서해 주세요.』

왕자가 아무 대답도 하지 않자, 대마도주는 꿇어앉은 자리에서 꿈쩍도 하지 않았어. 다음 날 아침까지 계속 빌었지. 대마도주를 불쌍히 여긴 왕자는 우해왕에게 사람을 보내 물었어.

『전하, 대마도주가 진심으로 뉘우치는 것 같으니 한 번만 너그럽게 용서해 주시는 것이 어떻겠습니까?』

『그렇게 하거라.』

우해왕의 연락을 받은 왕자는 대마도주에게 말했어.

『우해왕께서 이번 한 번만 특별히 너희들를 용서해 주라고 하셨다. 그러니 앞으로는 절대로 나쁜 짓을 하지 말게. 알겠나?』

그러자 대마도주가 머리를 조아리며 간곡하게 부탁했어.

『왕자님, 정말 감사합니다. 충성을 맹세하는 뜻으로 제 딸을 바치려고 하오니, 제발 거두어 주십시오.』

왕자는 어쩔수 없이 대마도주의 딸 풍녀를 데리고 우산국으로 돌아왔어.

우해왕은 대마도주의 충성을 받아들인다는 뜻으로 풍녀를 왕자비로 삼았어. 우해왕의 너그러운 마음에 감동한 풍녀는 충성을 다 바쳤지. 그동안 보고 들은 국제 감각으로 우산국에 보탬이 되는 좋은 의견들을 올리기도 했지.

『전하, 세상 돌아가는 이치를 알려면 폭넓은 경험과 해박한 지식이 필요합니다. 다른 나라에 유학생을 보내 새로운 지식을 배워 오게 하십시오. 그런 다음 그들을 널리 쓰면 우산국은 더욱 발전할 것입니다.』

우해왕은 그런 의견을 좇아, 진취적인 신하들을 삼국은 물론 중국이나 인도 같은 외국에까지 보냈어.

그때 신라는 영토를 넓히는 것을 좋아하는 지증왕이 다스리고 있었지.

『허허, 우산국이 더 강해지면 큰일인데…….』

소문을 들은 지증왕은 우산국을 부쩍 경계하기 시작했어."

"아빠, 그런데 왜 지증왕이 우산국을 경계해요?"

내가 물었다. 무슨 뜻인지 알쏭달쏭했다.

"어휴, 답답이! 그거야 신라가 천하를 통일하는 데 우산국

이 걸림돌이 될까 봐 그런 거야. 우산국이 신라보다 더 발전
하면 곤란하잖아."

"히히, 그런 거였어?"

'만날 게임만 하는 줄 알았더니, 이럴 땐 언니도 제법 똑똑
하다니까.'

난 멋쩍어서 머리만 북북 긁었다.

우산국은
천하의 중심!

"자, 그럼 신라와 지증왕 이야기를 조금 더 해볼까?

신라의 시조는 박혁거세야. 먼 옛날, 서라벌 신하들이 모여서 백성을 다스리는 나라님이 없는 것을 걱정하고 있었지. 그때 갑자기 커다란 말 울음소리가 들렸어. 사람들은 깜짝 놀라서 말 울음소리가 들리는 우물가로 달려갔지. 그랬더니 글쎄 하얀 말이 무릎을 꿇고 알을 품고 있지 뭐야. 사람들이 모여들자, 하얀 말은 그제야 안심했다는 듯이 알을 두고 하늘로 날아갔어. 얼마 뒤, 알을 깨고 사내아이가 나왔는데, 그 아이가 바로 혁거세야. 사람들은 지금까지 기다리던 하늘신이 이제야 내려왔다며 혁거세를 거서간(居西干)[22]으로 떠받들었지. '서라벌(徐羅伐)'이라는 나라 이름은 '사라(斯羅)', '사로(斯盧)'라는 이름을 거쳐 '신라(新羅)'가 되었고, 왕을 부르는

---

22   신령한 제사장, 군장이란 뜻으로 신라 초기의 왕을 부르던 호칭.

호칭인 '거서간'은 '차차웅(次次雄),[23] 이사금(尼師今),[24] 마립간(麻立干)'[25]으로 이름이 점점 바뀌었어. 그러는 동안 신라는 점점 발전했지."

"아빠, 우산국은 '성스럽다'는 뜻이라고 했죠? 그럼 '신라'는 무슨 뜻이에요?"

내가 물었다.

"신라는 22대 왕인 지증왕 때 지은 이름이야. 지증마립간이 왕위에 오르자, 신하들은 나라 이름과 왕의 호칭을 백제나 고구려처럼 한자로 표기하자고 주장했어. 지증왕은 신하들에게 무엇으로 바꾸면 좋겠느냐고 물었지. 그러자 신하들은 의논 끝에 '신라'라는 이름을 내놓았어.

『날로 어질고 착한 업적이 새로워진다는 '신(新)'과 사방을

---

23 신라 초기 왕을 부르던 호칭의 하나로 무(巫)의 뜻을 내포. 제2대 남해왕을 남해 차차웅이라고 칭함.
24 신라 국왕을 부르던 호칭의 하나로 연장자를 뜻함. 제3대 유리왕에서 제18대 실성왕까지 이 호칭을 사용함.
25 우두머리를 뜻하는 대군장의 의미를 지님. 4세기 중엽에서 6세기 초까지 신라왕을 부르던 호칭.

망라한다는 '라(羅)'를 합한 '신라(新羅)'가 좋을 것 같습니다. 군주를 부르는 호칭도 제왕의 위엄을 포함하는 '국왕(國王)'으로 하는 게 좋겠습니다.』

지증왕은 신하들의 의견을 받아들여 나라 이름과 왕의 호칭을 바꿨지. 그런 다음 법을 만들고 전쟁을 통해 차츰차츰 영토를 넓혀 갔어. 그 무렵 신라, 백제, 고구려 삼국은 서로 자기들이 천하의 중심이라 주장하면서 앞다투어 삼국을 통일하려고 했어.

어느 날, 지증왕은 장군 이사부(異斯夫)[26]를 불러 마음에 품은 뜻을 밝혔어.

『신라는 동쪽에 왜, 서쪽에 백제, 남쪽에 가야, 북쪽에 고구려를 두고 있다. 그것은 우리가 동서남북 사방의 중심, 천하의 중심이라는 증거다. 하지만 난 동쪽의 일본은 천하에 포함시키고 싶지 않다. 다른 방법을 생각해 보거라.』

---

26   신라의 무인이자 정치가로 우산국을 신라 땅으로 만듦.

『전하, 일본을 제외시키면 동서남북 사방의 구조가 깨집니다.』

『그럼 우산국을 정벌해서 동쪽을 보충하면 될 것 아니오!』

지증왕은 동쪽에 있는 우산국을 먼저 정벌하라고 명령했어. 작은 나라라 쉽게 정벌할 수 있을 거라고 생각했거든. 그러자 이사부가 말했어.

『전하, 힘으로는 우산국을 이길 수 없습니다. 계략을 써야 합니다.』

『그게 무슨 말이오?』

『우산국 사람들은 천제가 수호한다고 믿고 있어서 힘으로는 이기기 어렵습니다.』

지증왕은 이사부가 약하게 나오자 마음에 들지 않았지. 우산국의 군대가 강하다는 것도, 군대를 조직할 사람들이 많다는 것도 믿을 수 없었어. 그래서 목소리를 높여 물었어.

『허허, 그 작은 나라에 그토록 강한 군대가 있단 말이오?』

『네, 전하. 우해왕이 어질고 나라를 잘 다스린다는 소문이
돌아서, 여기저기에서 사람들이 우산국으로 이주한다고 합니
다. 위(魏)나라의 장군 관구검(毌丘儉)이 고구려를 쳐들어온
적이 있습니다. 당시 고구려는 동천왕(東川王)이 다스리고
있었는데, 동천왕은 관구검에게 쫓겨 옥저의 동해안으로 도
망을 갔습니다. 그때 해변에서 노인을 만났답니다. 동천왕이
노인에게 '저 동해에 사람이 살고 있는가?'라고 물으니, 노인
이 '폭풍으로 떠돌아다니다가 그 섬에 간 적이 있는데, 말이
안 통하는 자들이 살고 있었습니다'라고 말했다더군요. 그걸
보면 우산국에는 옥저 말고도 다른 곳에서 이주한 사람들이
살고 있는 것 같습니다. 중국과 일본에서도 사람들이 이주한
다고 들었습니다.』

『허허, 그럼 신라에서 우산국으로 건너간 자도 있단 말이
오?』

『네. 죄를 짓고 도망친 자들이 더러 있다고 들었습니다.』

신라 사람들이 건너갔다는 말에 지증왕은 불같이 화를 냈지.

하지만 살기 좋은 곳을 찾아 이주하는 건 사람들의 본능이야. 세상이 생긴 처음부터 있었던 일이거든. 환웅은 하늘에서 태백산으로 이주해서 나라를 세웠고, 부여의 주몽은 이복형제들을 피해 졸본으로 이주해서 고구려를 세웠고, 온조도 하남위례성으로 이주해서 백제를 세웠잖아.

『그러고 보니 우리 선조인 박혁거세도 하늘에서 이주를 했구려.』

『예. 혁거세는 양천으로, 알지는 계림으로 내려왔고, 탈해는 바다를 건너왔습니다.』

『그럼 우산국은 누가 이주해서 세운 나라요?』

지증왕의 말에, 이사부가 잠시 머뭇거리다가 대답했지.

『천제의 자식이 세운 나라라고들 합니다.』

『아니, 대체 누가 그런 말을 한단 말이오?』

지증왕은 믿을 수 없다는 표정을 지었어. 하지만 그건 사실이야. 세상에 존재하는 대부분의 나라가 그런 주장을 하고 있거든. 단군이 태백산에 조선을 세웠을 때, 그곳에는 원래 원주민들이 살고 있었어. 새로운 나라가 세워지자, 일부 원주민들이 다른 곳으로 이주를 했지. 단군조선이 기자조선(箕子朝鮮)[27]과 위만조선(衛滿朝鮮)[28]으로 바뀔 때도 마찬가지였어. 새로운 나라가 서면 망한 나라의 충신들을 죽이기 때문에, 충신들은 죽음을 피해 새로운 곳으로 이주를 하거든. 그런 이주민들이 이곳저곳을 떠돌다가 적당한 곳에 자리를 잡아 새로운 나라를 세우는 거야. 그때 아마 우산국으로 이주한 사람들도 있었을 거야."

　"아하, 그렇게 하늘에서 내려오고 사방에서 모여들었기 때문에 우산국을 천하의 중심, 세상의 중심이라고 하는 거죠, 아빠."

　"와, 우리 효정이 대단한 걸!"

27　중국 은나라 말기에 기자가 조선에 와서 단군조선에 이어 건국하였다고 전하는 나라.
28　위만이 세운 우리나라 최초의 고대국가.

"그럼 지증왕과 이사부 이야기를 계속 해볼까? 지증왕이 자기 말을 들어주자, 이사부는 신이 나서 이야기를 계속했어.

『하늘에서 구지봉으로 내려온 수로(首露)²⁹는, 인도에서 온 여인을 황후로 삼았습니다.』

『아니, 허황옥(許黃玉)이³⁰ 그렇게 먼 곳에서 왔단 말이오?』

지증왕은 믿을 수 없다는 표정을 지었지.

『그렇습니다. 탈해(脫解)³¹도 아주 먼 곳에서 왔습니다. 탈해는 일본보다 훨씬 더 먼 동쪽 나라에서 알로 태어났으나, 그곳에서 살지 못하고 가야로 건너왔습니다. 가야를 빼앗으려고 하자, 수로왕이 '하늘의 명을 받은 내가 어찌 너에게 나라를 넘길 수 있겠느냐?'라며 화를 냈습니다. 그래서 둘은 주술(呪術)³²로 겨루었습니다. 탈해가 먼저 참새로 변하자 수로

---

29   가락국의 시조.
30   가락국의 시조인 수로왕의 부인.
31   신라의 제4대 왕.
32   불행이나 재해를 막으려고 주문을 외거나 술법을 부리는 일. 또는 그 술법.

는 매로 변해 탈해를 공격했고, 탈해가 더 큰 매로 변해 공격하자 수로는 독수리로 변해 탈해를 공격했지요. 그러자 탈해는 결국 더 이상 버티지 못하고 계림으로 도망쳤습니다. 그리고 훗날에 신라의 왕이 되었습니다.』

『탈해가 동해를 건넜다면, 우산국에도 들렀겠구나.』

『그렇습니다. 우산국에 들렀을 가능성이 큽니다. 우산국에서 나라를 빼앗으려다가 우해왕에게 져서 가야로 도망쳤을 수 있습니다. 만일 탈해가 이겼다면 우산국의 왕이 되었을 겁니다.』

지증왕은 눈을 지그시 감고 생각에 잠겼어.

「신라의 왕인 탈해가 왕이 되었을 수도 있는 나라라······. 그렇다면 무슨 일이 있어도 우산국을 반드시 합쳐야겠구나.」

쉽지 않은 신라의
우산국 정벌기

"지증왕은 신하들에게 당장 가서 우산국을 정벌하라고 명령했어. 신라 병사들은 배를 타고 태하 앞바다로 가서 고래고래 함성을 질렀지.

『우산국은 항복하라! 그렇지 않으면 모두 죽이겠다!』

처음 있는 일이라 우산국 사람들은 크게 놀라 우왕좌왕했어. 그러자 우해왕이 큰소리로 백성들을 안심시켰어.

『우산국은 천제의 후손이 세우고 다스리는 나라다. 천제의 명을 받고 도는 태양이 지켜 준다. 태양이 우리를 어떻게 지켜 주는지 이번에 보게 될 것이니 아무 걱정 말아라.』

그리고 서둘러 제단을 차리고 절을 하며 소원을 빌었지.

『태양이시여! 신라군을 격퇴하고, 우리를 지켜 주십시오!』

그러자 갑자기 성인봉에서 거센 바람이 사납게 휘몰아치기 시작했어. 거센 바람은 산자락을 따라 불어 내리더니, 바다 위에 떠 있는 배들을 모조리 뒤덮었지. 병사들이 울부짖는 소리가 바다를 쩡쩡 울렸어. 소리가 멎어 우산국 백성들이 가 보았더니, 신라 전함은 흔적도 없었어. 병사들의 것으로 보이는 옷가지들만 여기저기 떠돌고 있었지.

『와아! 신라군이 없어졌다. 태양이 천벌을 내렸다.』

우산국 백성들은 즉시 제단을 차리고 태양에게 감사하는 의례를 올렸어. 태양이 자신들을 지켜 준다는 것을 경험한 뒤부터 태양을 더욱 숭배했지.

신라의 지증왕은 졌는데도 우산국 정벌을 단념하지 못했어. 신라가 천하의 중심이라는 것을 보이려면 반드시 우산국을 정벌해야 한다면서, 여러 차례 군대를 보냈지. 하지만 그때마다 실패했어.

『우산국이 생각보다 강하구나. 어떻게 하지.』

지증왕은 발을 동동 구르며 분해했지만, 큰 나라가 작은 나라에 패하는 일은 아주 많았어. 을지문덕(乙支文德)[33]은 수나라의 130만 대군을 살수에서 물리쳤고, 양만춘(楊萬春)[34] 장군은 안시성에서 당 태종이 이끄는 30만 대군을 물리쳤잖아. 그래서 사람들은 '전쟁은 숫자로 하는 것이 아니라, 지략으로 한다고들 해. 임진왜란 때의 원균(元均)[35]이나 신립(申砬)[36] 같은 장수들은, 왜군이 침략했다는 소리를 듣자 왜놈들을 단숨에 물리치겠다고 큰소리를 쳤지. 하지만 제대로 싸워 보지도 못하고 지고 말았어. 날래고 용맹스러운 군사로 이루어진 조선의 정예부대를 이끌고 나갔는데도 크게 패해서 나라를 위기에 빠뜨렸지. 하지만 이순신(李舜臣)[37] 장군은 적은 수의 군대를 가지고도 왜군들을 닥치는 대로 물리쳤어. 그러자 왜군들은 이순신의 이름만 들어도 도망치기 바빴어. 원균 같은 자들은 자신들이 도망친 사실을 부끄러워하며 반성하기는커녕, 이순신을 중상모략했어. 그러고는 다시 지휘권을 잡고 전쟁터에 나섰지만, 또 왜군의 꾀에 넘어가 나라를 위기에 빠뜨

---

33   고구려 영양왕 때의 장군으로 수나라와 전쟁에서 큰 공을 세움.

34   고구려 보장왕 때의 장군으로 당 태종의 침공에 맞서 고구려를 지킴.

35   조선 중기의 무장으로 임진왜란 때 이순신이 파직당하자 수군통제사가 됨.

36   조선 중기의 무장으로 임진왜란 때 배수진을 치고 적과 대결하였으나 패함.

37   조선 중기의 무장으로 임진왜란 때 왜군을 무찌르는 데 큰 공을 세운 성웅.

렸지. 어쩔 수 없이 이순신이 다시 전장에 나섰을 때는 배가 달랑 12척뿐이었어. 누가 봐도 왜군과 맞서 싸울 상황이 아니었지. 그럼에도 이순신은 충분히 물리칠 수 있다고 군사들을 격려하며 전장에 나가 330척의 왜선을 바닷속에 빠뜨렸어. 전쟁은 숫자로 좌우되지 않는다는 것을 확인해 주는 승리였지.

우산국과 신라의 전쟁도 마찬가지야. 신라는 우산국보다 영토가 넓고 인구도 많고 군대도 많아서 쉽게 우산국을 이길 수 있을 거라고 생각했지만, 번번이 패했지."

우산국 찬가

한반도 자락이 동남으로 밀려나
꺼진 자리에 물이 차 바다가 생기고
그 바다에 독도와 울릉도가 솟았다.

300만 년 전에 바닥이 부풀어 터지며
솟은 용암이 세상을 물들이며 데우더니
식어서 대한봉과 우산봉의 독도가 되고

20만 년 후에 새로 솟은 용암이 동해를 물들이고
파도에 굳어져 세 봉우리의 울릉도가 되더니
성인봉과 나리봉과 미륵봉이 나란히 하늘을 본다.

백운을 탄 천제가 신들의 독도에 내려
물개를 타고 노는 해녀의 이름을 물어
천자 우해를 낳아 우산국의 시조로 삼았다.

독도를 마주하는 울릉도에 천하를 열고
하늘을 도는 태양을 맞는 동쪽에서는 영일제를 지내고
서쪽 사람들은 지는 태양을 맞이하는 납일제를 올린다.

우산국을 세우고 다스리던 우해왕이
독도의 우산봉 동굴로 석녀를 불러
천손을 탄생시키더니 백운을 타고
하늘로 올라가며 영원한 천제의 수호를 약속했다.

태하에서 돌책을 본 구척 장군이 투구를 찾고
미륵굴 이무기의 승천을 나팔봉이 크게 알리니
사방의 기운이 우산국에 모여든다.

성인봉 허리를 깎은 깍새등에 깍새가 날며
동남방을 바라보니 바닷새가 노래하는 저편에
구름을 뚫고 솟은 독도가 천만 년을 노래한다.

도동의 약수를 마신 천신을
해룡이 천년과를 차리고 다정히 불러
촛대바위에 올라 하늘을 보며 영원을 노래한다.

호랑이, 여우, 토끼, 사슴, 늑대들이
화산이 폭발한다며 떠날 때
사자는 바다에 우뚝 서서 울릉도를 지켰다.

학을 탄 풍녀가 구미 황토에서 춤을 추고
천제의 은덕이 미륵산을 감돌다 사방으로 퍼져나갈 때
대풍령 긴 굴로 육지의 봉물이 들어온다.

삼한에서 인 바람이 삼국의 풍물을 싣고 오자
양곡에서 떠오른 태양과 매곡의 부처가
영겁을 가는 우해왕의 천하를 노래한다.

우산국을 지키는
전설 속의 사자

"아빠, 그래서 어떻게 됐어요? 지증왕이 우산국 정벌하는 걸 포기했어요?"

궁금한 나머지 내가 물었다.

"아니. 지증왕은 이사부 장군을 불러서 빨리 우산국을 정벌하라고 독촉했어. 그러자 이사부는 조심스럽게 대답했어.

『우산국 사람들은 강하여 무력으로는 못 이깁니다. 조금만 시간을 주시면 좋은 계략을 생각하겠습니다.』

지증왕은 이사부의 매번 같은 대답이 마음에 들지 않자, 버럭 화를 냈어.

『언제까지 기다리란 말이오?』

이사부는 아무 말도 못 하고 물러 나왔지.
그날 밤, 한 스님이 이사부를 찾아왔어.

『내게 우산국을 무찌를 좋은 방법이 있습니다.』

『그게 무슨 말이오?』

이사부가 깜짝 놀라서 물었어. 힘으로도 이기지 못했던 우
산국을 이길 수 있는 방법이 있다니! 얼마나 궁금하겠어.

『사자는 불교를 지키고, 사람의 영혼을 극락(極樂)[38]으로
인도하는 성스러운 동물로 알려져 있습니다. 그 사자를 보여
주면 우해왕을 설득할 수 있을 것입니다. 우산국에는 나라를
지켜 준다는 사자암이 있으니, 우해왕도 사자의 힘을 잘 알
것입니다.』

---

38 서쪽에 있는 부처가 사는 곳. 괴로움이 없으며 지극히 몸과 마음이 편안하고 즐겁고 자유
로운 세상.

이사부도 사자암 전설을 알고는 있었지만, 그걸 이용하려고 생각한 적은 없었어. 이사부는 얼른 사자암 전설을 떠올렸어……."

아빠가 피곤하신지 허리를 뒤틀며 기지개를 펴셨다.

"아빠~ 아빠~ 뜸들이지 마시고 계속 얘기해 주세요. 사자암 전설이 대체 뭐예요?"

이번에는 언니가 아빠를 재촉했다.

"옛날 옛적, 울릉도에 여러 짐승이 살고 있었을 때의 일이야. 어느 날, 산신령이 나타나서 짐승들에게 화산이 폭발할테니, 울릉도를 떠나라고 알려 주었어. 놀란 짐승들이 우왕좌왕하자, 산신령이 다시 나타나서 사흘 뒤에 화산이 폭발한다며 날짜까지 알려 주었지. 짐승들은 모두 서둘러서 울릉도를 떠났어. 그런데 사자만 끝까지 울릉도를 지키겠다며 홀로 남았지. 사자는 성인봉을 바라보며 꿈쩍도 하지 않았어. 곧 화산이 폭발해 용암이 온 섬을 뒤덮기 시작했지만, 사자는 버티고 서서 그대로 굳어 갔어. 그 뒤부터 우산국 사람들은 사자를 숭배하며 제사를 지냈단다.

「그래. 스님이 말한 대로 사자를 이용하면 승리를 할 수 있을지도 몰라.」

이사부의 마음이 점점 부풀어 올랐어. 그걸 알아챈 스님이 말했지.

『장군, 중국도 처음에는 사자가 지켜 준다는 것을 믿지 않았습니다. 그러나 지금은 사자를 새기면 반드시 승리한다면서, 투구나 칼 등 무사들이 전쟁에서 쓰는 도구에 꼭 사자를 새긴다고 합니다.』

이사부가 들뜬 표정으로 물었어.

『스님, 그런데 우리나라는 물론 중국에도 없다는 사자를 어떻게 우해왕에게 보입니까?』

그 당시 사자는 인도에나 있다는 상상의 맹수였거든. 스님이 기다렸다는 듯이 말했지.

『나무로 사자를 만들어 보이면 됩니다.』

『좋습니다. 내일 왕께 보고하겠습니다.』

　스님을 돌려보낸 이사부는, 오랜만에 편안한 마음으로 자리에 누웠단다."

우산국 정복의
비밀 병기,
나무사자상

"아빠, 그래서 어떻게 됐어요? 우산국이 이겼어요? 신라가
이겼어요?"

조바심이 일어서 내가 물었다. 아빠는 대답 대신 빙그레 웃
기만 하셨다.

'에이, 아빠는 결정적일 때 꼭 이렇게 뜸을 들인다니까.'

"다음 날 아침, 날이 밝자 이사부는 가벼운 마음으로 지증
왕을 만나 뵈었지. 전날 스님과 나눈 이야기를 보고하자, 지
증왕은 설명이 채 끝나기도 전에 벌떡 일어서며 소리쳤어.

『당장 사자상을 만들도록 하라.』

이사부는 사자 그림을 목공들에게 주고, 똑같이 만들라고 지시했어. 목공들은 나무를 깎고 다듬어서 사자상을 만들기 시작했지. 며칠이 지나 사자상이 완성되었어. 눈에서는 불꽃이 튀는 것 같고, 쩍 벌린 입에서는 천둥소리가 나는 것 같았지. 입술 밖으로 뻗친 송곳니와 날카로운 발톱은 보기만 해도 무서웠어.

이사부는 사자상과 북과 징 등의 악기를 든 병사들을 가득 태운 배를 이끌고 출동 명령을 기다렸어. 지증왕이 군대를 쭉 한 번 둘러보더니, 이사부에게 검을 내리며 명령했어.

『우산국을 정벌하여 신라의 천하를 완성하도록 하라!』

『네, 전하! 꼭 그리 하겠습니다.』

512년, 지증왕 13년 6월의 여름, 이사부는 사자상을 실은 전선을 이끌고 우산국을 향해 떠났어. 군사들이 배를 젓는 소리와 함성이 동해 하늘 높이 울려 퍼졌지.

신라가 다시 쳐들어온다는 소식을 들은 우산국에서는 의견이 엇갈렸어.

『신라 병사의 수가 너무 많아요. 수적으로 맞설 수 없으니 항복을 하는 게 좋겠어요.』

『무슨 소리! 지난번처럼 천제님이 우리를 지켜 줄 거예요. 우리가 반드시 승리할 거라고요.』

천제님이 지켜 준다는 것을 알면서도 겁을 내는 신하들이 있었지만, 싸우자는 의견이 훨씬 더 많았어.
우해왕은 자신만만했지.

「천제의 후손인 나와 하늘신의 후손인 신라왕은 출신 성분이 달라. 얼마든지 오너라! 이번에도 몽땅 물에 빠뜨려 주마.」

지난번 신라가 쳐들어왔을 때도 우해왕은 천제가 지켜 주니 신라를 거뜬히 물리칠 거라며 승리를 예언했고, 예언은 딱 들어맞았어. 그래서 이번에도 조금도 걱정하지 않았지. 대신 천제에게 비는 제단을 마련하고 제사를 올렸어. 그 자리에서 우해왕은 예언했지.

『천제가 지켜 주니 반드시 신라를 물리칠 것이다! 걱정 말 아라!』

우해왕은 신하들과 백성들을 안심시켰고, 그들은 조금도 흔들리지 않았어.

우해왕은 조용히 장군 궁숭을 불러 신라군의 상황을 보고하라고 지시했어. 궁숭은 고개를 갸웃거리더니, 신라군이 하는 행동이 전과 다르다며 바다 위를 가리켰어.

『신라군이 이상합니다. 공격은 하지 않고, 배에서 고함만 지르고 있습니다.』

바다 위를 바라보던 우해왕은 사자상을 금방 알아봤어. 사자암 전설을 알고, 유학생들을 통해 불교 이야기도 전해 들었기 때문에 사자상을 쉽게 알아볼 수 있었거든.

『아니 저건 사자상이 아니오?』

『그렇습니다. 우리나라를 지키다가 바위가 되었다는 사자입니다. 중국에서는 불교의 진리를 실제로 행하는 성스러운 동물로 숭배한다고 합니다.』

『우리나라를 지키는 사자를 싣고 찾아오다니, 거참 이상하군』

우해왕이 알 수 없다는 듯 고개를 갸웃거렸어.

『그러게 말입니다. 무슨 꿍꿍이인지 모르겠습니다. 항복하러 온 것 같지도 않고.』

궁숭도 이해가 되지 않는다는 표정을 짓자, 우해왕이 말했어.

『우리의 협조를 구하러 온 것 같으니, 잠자코 기다려 보거라.』

그때 신라 병사가 땅 위로 올라오더니 백기를 휘두르며 큰 소리로 회담을 요청했어.

『신라국의 이사부가 우산국의 궁숭에게 서로 만나서 이야기할 것을 청합니다.』

궁숭은 이사부의 요청을 기꺼이 받아들였어.”

신라와
우산국이 합하다

"궁숭은 태하 해변에 이사부와 자리를 마주하고 앉았지.

『사자상을 싣고 오다니, 어찌 된 일이오? 이사부 장군.』

궁숭이 먼저 신라군이 나타난 이유를 물었어.

『궁숭 장군 그동안 평안하셨지요? 두 나라의 발전을 위해
왔습니다.』

이사부가 정중하게 찾아온 목적을 밝혔지.

『두 나라의 발전이라니, 그게 무슨 말이오?』

『신라와 우산국은 천신이 세운 나라들입니다. 지금은 그

후손들이 다스리고 있지요. 신라는 우산국과 힘을 합쳐 천하
를 완성하고 싶습니다.』

그러자 궁숭이 얼굴을 붉히며 소리쳤어.

『그게 무슨 소리요? 우리는 천제의 아드님이 세운 나라이
고, 신라는 하늘에서 살다 내려온 신의 후손이 다스리는 나라
일 뿐입니다. 혈통이 달라요.』

궁숭이 불 같이 화를 냈으나 이사부는 차분한 목소리로, 왜
를 제외한 천하를 만들고 싶다는 지증왕의 뜻을 전했어.

『신라는 사방의 한가운데에 있습니다. 사방을 완성하라는
하늘의 명을 받은 것입니다. 그러나 저희 전하는 동쪽의 왜국
과는 천하를 같이하고 싶지 않다고 하십니다. 저희 신라는 우
산국을 동쪽으로 하는 천하 사방을 완성하고자 합니다.』

『우리가 신라를 어떻게 믿는단 말이오?』

우산국으로서는 따질 만한 일이었어. 이사부도 이런 상황을

미리 짐작하고 있었기 때문에, 침착한 목소리로 다시 말했지.

『믿지 못하는 게 당연합니다. 하지만 이번은 다릅니다. 우산국을 지키는 사자상을 싣고 온 것을 보면 알 것입니다. 우리가 만약 조금이라도 나쁜 마음을 품는다면, 사자상이 우리를 용서하지 않을 것입니다.』

『그게 사실이오? 우리를 속이는 것 아니오?』

궁숭은 사실 이사부의 제안이 마음에 들었지만, 자주 쳐들어오던 신라였기에 의심을 쉽게 거둘 수 없었어.

『믿어 주십시오. 진심입니다.』

이사부가 진지한 태도로 설득하자, 궁숭은 불교의 이치를 들어서 신라의 지난 잘못을 지적했어.

『그럼 신라가 지난날의 잘못을 깨달았다는 말이오?』

『사람은 누구나 깨달을 수 있고, 깨달아 지혜가 열리면 다투기보다는 사랑하는 자비심을 가지게 됩니다. 그런 교리를 알기 때문에 협력하자는 것입니다.』

『그렇다면 사신을 보냈어야지, 군대를 끌고 오다니! 침범하는 것과 무엇이 다르오?』

궁숭은 신라가 예의를 갖추지 못했다는 점을 따끔하게 지적했어.

『저희 생각이 짧았습니다. 사과드리겠습니다.』

이사부가 말을 마친 뒤 바다를 가리켰어. 사자상을 실은 배 위에서, 펄럭이는 옷을 걸친 병사들이 북과 징을 두드리며 소리치고 있었지. 그 모습을 보고 마음이 풀린 궁숭이 말했어.

『마치 제사를 올리는 것 같습니다.』

『사자가 지키는 천하를 완성하게 해 달라고 비는 중입니다.』

이사부는 다시 한 번 지증왕의 뜻을 간곡하게 설명했어.

회담을 마치고 돌아온 궁숭은 이사부와 나눈 회담 내용을 우해왕에게 자세히 보고했지. 그러자 듣고 있던 신하들이 앞을 다투어 말했어.

『신라의 간사한 꾀에 속으면 안 됩니다.』

『그렇게만 생각할 일이 아닙니다. 같이 천하를 만드는 일이라면 생각해 볼 필요가 있습니다.』

　한동안 옥신각신했지만, 서로 의견이 달라 쉽사리 결론이 나지 않았어. 가만히 지켜보던 우해왕이 말했지.

『우리를 지키는 사자를 모시고 와서 자비로운 천하를 만들자고 제안하는 것은 나쁘게만 볼 일이 아니다. 무엇보다 이는 천제의 이상과도 어긋나는 일이 아니다.』

　그제야 신하들도 우해왕의 뜻에 따라, 신라의 제안을 받아들이기로 했어.
　궁숭은 다시 해변에서 이사부를 만나 우해왕의 뜻을 전했어.

『신라의 제안을 수용하기로 했습니다.』

이사부는 뛸 듯이 기뻐하며, 즉시 우해왕을 찾아가서 아홉 번이나 절을 올렸어.

『우해왕의 덕택으로 왜를 제외하는 천하를 완성할 수 있게 되었습니다. 감사합니다!』

눈물까지 흘렸지. 그러더니 일어나서 만세 삼창을 했어.

『우해왕 만세, 우산국 만세! 자비로운 천하 만세!』

해변과 바다 위에 있던 병사들도 북과 징을 두드리며 만세를 불렀어. 그것을 바라보던 궁숭도 병사들과 같이 만세로 대답했지.

『우산국 만세! 우해왕 만세! 새로운 천하 만세!』

해변에 잔치를 열고, 두 나라 병사들은 서로 어울려 새벽까지 노래하며 춤을 추었단다."

고려가
다스리게 된
우산국

"아빠, 어쨌든 우산국과 신라의 전쟁은 평화롭게 끝났네요. 정말 잘 되었어요."

언니가 안심이 된듯 웃었다.

"그런 셈이지. 신라는 삼국을 통일한 뒤에도, 우산국은 우해 왕이 계속 다스렸지. 우산국으로서는 크게 달라질 게 없었지.

그런데 자기 나라가 천하의 중심이라고 생각하는 나라는 우산국과 신라만이 아니었어. 모든 나라가 그렇게 생각했거 든. 신라는 우산국의 협조로 백제와 고구려를 누르고 천하 를 통일했어. 삼국을 통일하긴 했지만, 신라는 백제와 고구 려를 완전히 어우르지는 못했어. 유민(遺民)[38]들이 많이 생겼 지. 발해를 세운 유민들도 있지만, 많은 유민들이 여기저기를 떠돌다가 비참하게 죽었어. 그러자 언제부터인가 '천명이 신라를 떠났다'는 소문이 떠돌기 시작했지. 곳곳에서 그 징조도 나타났어. 능력이 없는 왕이 나라를 다스리자, 행실이 깨끗하지 못한 관리들이 백성들의 재물을 탐내고 빼앗으며 제멋대로 날뛰기 시작했거든. 가뭄과 장마가 번갈아 들고 질병이 널리 퍼져 나갔지.

그러는 동안에 사람들은 천하가 신들에 의해 통치되는 것이지만, 인간의 능력으로 통치될 수도 있다는 것을 깨달았어. 그런 생각을 하는 사람들이 여기저기에서 나타나기 시작했지. 그들은 먼저 신라를 떠난 민심을 얻은 뒤에, 나라를 세우고 천하를 통일해 천명이 자기에게 있다는 것을 증명하려고 했어.

견훤(甄萱)[40]이 후백제를 세우자, 궁예(弓裔)[41]도 후고구려를 세웠어. 천하를 통일하기 위해 열심히 싸웠지. 하지만 하늘의 뜻은 다른 곳에 있었어. 궁예의 부하였던 왕건(王建)[42]이 새로운 천하를 열었거든. 왕건은 918년에 고려를 세우고,

---

39 망하여 없어진 나라의 백성.

40 후백제의 초대 왕으로 후에 왕건에게 투항함.

41 후고구려의 건국자로 스스로를 살아있는 미륵이라 자처함.

42 고려의 태조로 후삼국을 통일함.

936년에 후백제를 복종시켜 후삼국을 통일했어. 심하게 변하는 천하의 움직임을 유심히 살피던 우해왕은 신하 백길과 토두를 불렀어.

『아무래도 천제의 뜻이 왕건에게 옮겨 가는 것 같으니, 고려에 사신으로 다녀오너라.』

견훤과 싸우고 있던 왕건은 사신이 왔다는 이야기를 듣고 무척 기뻐했어.

『우산국의 사신이 왔다고? 어서 모셔라!』

백길과 토두는 우해왕의 말을 전했어.

『저희 전하께서 장군님이 천명을 얻으시게 될 거라고 하셨습니다. 축하드립니다.』

『정말 우해왕이 그런 예언을 하셨소? 감사합니다.』

왕건은 성대한 잔치를 열어서 백길과 토두를 대접했어. 그

리고 우산국에 대해 서로 이런저런 이야기를 나누었지. 왕건
은 발해 이야기가 나오자 매우 반가워했어.

『우산국이 발해와도 교류를 한다고요?』

왕건은 고구려의 후손이라, 고구려의 유민들이 발해를 세
웠다는 것을 자랑으로 여겼거든. 대조영(大祚榮)이 세운 발
해는 신라를 제쳐 두고 왜와 교류했어. 200년에 걸쳐 35회나
사신을 파견했고, 왜도 15회 정도 사신을 파견했지.

『네, 장군. 발해와 왜는 우리나라를 통해 교류합니다.』

왕건이 발해에 관심을 보이자, 백길과 토두가 자랑스럽다
는 듯이 말했지. 신라는 대마도를 거쳐 왜와 교류했지만, 발
해는 우산국을 사이에 두고 왜와 교류했거든. 우산국도 그 가
운데서 발해와 왜의 정보를 모았고.

『백길은 정위로, 토두는 정조로 임명하겠다.』

왕건은 두 사신에게 벼슬을 내렸어. 그런 다음 은근한 목소

리로 물었지.

『우산국과 고려를 하나로 합치는 게 어떨까요?』

이것은 우산국의 전통이 끊어지는 일로 아주 위험한 이야기야. 우해왕이 들으면 크게 화를 낼 일이지. 왕건도 그걸 잘 알고 있었기 때문에, 정중한 목소리로 말했어.

『두 나라를 합친다고 해도, 우산국은 계속 우해왕이 다스리도록 하겠습니다.』

두 사신은 우산국으로 돌아왔지만, 우해왕에게 쉽게 말을 꺼내지 못했어. 며칠 망설이다가 힘들게 이야기를 꺼냈지. 크게 화를 낼 거라고 생각했는데, 우해왕은 아무런 반응을 보이지 않았어. 그러더니 며칠 뒤, 신하들을 불러 모았어.

『시대가 바뀌었다. 천제의 후손으로서 하고자 했던 일을 다 했으니, 나는 이제 그만 하늘로 돌아가야겠다. 뒷일은 중신들이 의논해서 처리하도록 하여라.』

우해왕은 우산국 왕조를 끝내겠다고 선언하고 독도로 건너갔어. 그러더니 구름을 불러 타고 하늘로 올라갔지. 천제의 후예가 다스리는 우산국의 왕통은 그렇게 끝이 났어. 중신들은 우해왕의 뜻에 따라 왕건의 제안을 받아들였지.

왕건은 우산국을 강원도 울진현의 땅으로 하고, 역사와 지리 등을 정리했어. 먼저 우산국 사람들이 생활하며 터득한 '동쪽으로 1만여 걸음, 서쪽으로 1만 3천여 걸음, 남쪽으로 1만 5천여 걸음, 북쪽으로 8천여 걸음을 걸어가면 바다에 이른다'는 지리적 사실을 확인해서 기록했어. 그다음 '울릉도와 독도로 구성된 나라를 신라는 우산국이라고 칭했다', '울릉도와 독도는 멀지 않아 바람이 부는 맑은 날에는 서로 바라볼 수 있다'라는 신라인들이 알고 있던 우산국의 상황을 정리해서 기록했지. 우산국의 산물들도 구체적으로 정리해서 나라를 다스리는 데 활용했어."

독도와 울릉도는
어떻게 불렸을까?

　동해에는 섬이 독도와 울릉도뿐인데도, 호칭을 혼동하는 일이 잦아요. 사람들이 하는 우리말을 듣고 적당한 한자를 찾아 기록했기 때문이에요. 그래서 '울릉도(鬱陵島 · 蔚陵島)'는 '울릉(鬱陵 · 蔚陵 · 欝陵), 우릉(于陵 · 芋陵 · 迂陵 · 羽陵), 무릉(武陵 · 茂陵)' 등으로, '독도'는 '우산(于山 · 羽山 · 迂山 · 芋山), 유산(流山), 자산(子山), 천산(千山), 석도(石島), 독도(獨島)' 등으로 표기되어 있어요.

　옛날에는 울릉도를 '우루뫼, 우루매' 등으로 불렀어요. 일본은 '우루마'라고 했고요. 원래 '우루'는 군장이나 어른을 의미하는 '어라', '우러러'와 같은 말이에요. '뫼'나 '매'는 산(山), 릉(陵), 봉(峰), 도(島)처럼 높은 곳을 뜻하고요. 그러니까 '우루뫼'나 '우루매', '우루마'는 '임금산, 왕검산, 성인봉' 등으로 풀이할 수 있어요. 그것을 '울릉', '우산'으로 표기하는 것은 '우루'가 '울'로 축소되거나 '루'가 탈락되었기 때문이에요.

중국은 '무(武: wu)'를 '우(于: wu)'와 같이 발음해요. 그래서 '우릉(于陵: wuling)'과 '무릉(武陵: wuling)'은 발음이 같아요. 중국 사람들은 우릉과 무릉을 구분하는 우리나라 사람들을 이상하다고 생각하죠. 그건 마치 일본 사람들이 전주나 청주, 충주를 구별하지 못하는 것과 같아요. 또 우리는 '우유'나 '우우유'나 '우우유우'라고 말해도 그것이 소의 젖이라는 것을 알 수 있지만, 일본 사람들은 '우유'나 '우우유' 또는 '우유우'라고 하면 알아듣지 못해요. 반드시 '우우유우(큐우뉴우)'라고 해야 '아! 소의 젖'이라고 알아듣지요. 이처럼 울릉도나 독도도 한자나 일본어로 기록될 때, 기록하는 사람이 듣는 것에 따라 다르게 기록되었어요. 그것이 독도 문제를 혼동시키는 하나의 원인이 된 거예요.

일본은 독도를 '죽도'라고 하는데, 그것도 우리나라에서 유래하는 이름이에요. 조선 시대에는 울릉도에 대나무가 많다고 해서 죽도라고도 했거든요. 일본에서는 소나무(松)와 대나무(竹)를 같이 장식하면 복을 받는다고 믿어요. 그래서 독도와 울릉도를 '송도(마쓰시마)'와 '죽도(다케시마)'라고 쌍으로 부르는 거예요.

다케시마의 '다케'는 '대(竹)'만이 아니라 무사의 '무(武)'

도 뜻해요. 그래서 일본은 '무(武)'와 '죽(竹)'을 섞어 쓰며, 울릉도를 '무의 다케시마(武島)'와 '죽의 다케시마(竹島)'로 기록하고 있지요. 그러다가 생활과 밀접한 '대의 다케시마(竹島)'를 특별히 더 좋아하게 된 거예요.

울릉도를 '궁숭(弓嵩)'이라고도 했어요. 일본은 궁숭을 '이소다케시마(礒竹島)'라고 읽는데, '이소'는 '용맹하고 신성하다'는 뜻으로, '오십(伍十)'이라고 기록하기도 해요. 원래 '궁숭(弓嵩)'의 '궁(弓)'은 '곰(熊)'을 뜻해요. '숭(嵩)'은 '수리'나 '술'이 변한 것인데, '높은 곳(上·峰·嶽)'을 뜻하고요. '곰수리'와 동의어로 볼 수 있는 '궁숭'은 '험하고 높은 곳'을 뜻하니까, 울릉도의 '성인봉'으로 풀이할 수 있어요. 이런 이야기도 있어요.

일본의 여신이 하늘나라를 다스릴 때, 남동생 스사노가 몹시 거칠고 사나운 짓을 하다가 쫓겨났대요. 그러자 스사노는 아들 '이소타케루(伍十猛)'를 데리고 서라벌로 내려왔는데, 그곳에서 살지 못하고 일본으로 건너갔대요. 그때 이소타케루가 하늘에서 가져온 나무 씨를 뿌려서, 일본의 산과 들을 푸르게 했다는 거예요.

일본이 울릉도와 독도를 부르는 호칭은 이처럼 혼란스러워요. 울릉도를 '의죽도(礒竹島: 이소타케시마)'와 '죽도(竹

島: 다케시마)'라고 부르다가, 서양의 주장에 따라 '다쥬레도'라고 부르더니, 나중에는 독도의 호칭으로 사용하던 '송도(마쓰시마)'로 부르기도 했거든요.

독도는 '송도(마쓰시마)'라고 부르다가 서양의 주장에 따라 '리안쿠루암(랸코도)'이라고 불렀어요. 울릉도와 독도를 '송도(마쓰시마)'와 '리안쿠루암'이라고 부르기도 했지요. 그러다가 1905년이 되자, 그때까지 울릉도의 별명인 '죽도(다케시마)'를, 그때까지 '송도(마쓰시마)' 또는 '리안쿠루암'이라고 부르던 독도의 이름으로 쓰기 시작했어요.

그에 반해 우리가 부르는 호칭은 '울릉도'와 '우산도'로 한결같아요. 우산도(于山島)가 '자산도(子山島)', '천산도(千山島)' 등으로 불린 것은 '우(于)'와 '자(子)'와 '천(千)'을 섞어서 썼기 때문이에요. 또 독도를 '석도(石島)', '돌섬' 등으로 부른 것은 섬이 바위로 구성되었기 때문이고요.

일본의
독도 침탈은
언제부터?

"아빠, 그럼 독도를 둘러싼 일본과의 영토 분쟁은 대체 언제부터 일어난 거예요?"

언니가 물었다. 아빠가 빙그레 웃으시며 말씀하셨다.

"오래 기다렸지? 지금부터 그 이야기를 시작하려고 해.

고려 후기의 일본은 남북조로 갈라져서 서로 다투고 있었어. 일본은 천황이 다스리는 나라인데, 막부(幕府)[43]의 무사들은 힘이 커지자 천황을 무시했어. 천황은 다른 무사들에게 막부의 무사들을 치라고 명령했지. 하지만 대부분의 무사들은 막부에 붙어야 출세할 수 있다면서 천황의 반대편에 섰어.

---

43 1192년에서 1868년까지 천황을 대신한 장군을 중심으로 한 일본의 무사정권. 가마쿠라(鎌倉) 막부, 무로마치(室町) 막부, 에도(江戶) 막부로 나누어짐.

천황은 어쩔 수 없이 교토(京都)에서 요시노(吉野)로 도망을
쳤어. 그러자 막부는 천황을 새로 세웠어.

『도망쳤지만, 내가 진짜 천황이다.』

『아니다. 새 천황이 진짜다.』

　천황이 두 명이 되자 일본은 남과 북, 둘로 갈라졌지. 남조
와 북조는 서로 자기 쪽이 진짜라며 싸웠어. 그러는 동안 백
성들의 생활은 몹시 어려워졌어. 도적들이 여기저기에서 활
개를 쳤지. 왜인들은 필요한 것이 있으면 '고려에서 가져오겠
다'고 말하고는, 마치 이웃집에 놀러가듯이 고려를 건너다니
며 식량과 물건들을 약탈했어. 사람을 납치하기도 했어. 옛날
부터 아무렇지도 않게 남의 땅을 침범하여 빼앗고 사람들을
마구 죽였기 때문에 죄의식을 느끼지도 않았지.
　옛날에는 불을 지르고 사람들을 마구 죽이다 광개토대왕
(廣開土大王)[44]에게 쫓겨난 적도 있어. 왜구들의 야만스러운

44　고구려 제19대 왕으로 광활한 영토를 정복한 정복군주.

행위가 얼마나 지독했던지, 신라의 문무왕(文武王)[45]은 죽은 뒤에 용이 되어 왜구로부터 신라를 지키겠다는 유언까지 남겼어.

고려를 침범하는 왜구들은 불을 지르고, 사람들을 마구 죽이고, 보물이 들어 있는 왕릉을 파헤치는 등 악독한 행동들을 많이 했어. 최영(崔瑩)[46]과 이성계(李成桂)[47] 같은 장군들이 물리치긴 했지만 끝이 없었지.

처음에는 100척에서 500척에 이르는 선단(船團)[48]을 꾸려서 바다에 잇닿아 있는 육지에 와서 식량과 물건들을 빼앗아 가더니, 나중에는 땅 위에까지 올라와서 마구 빼앗아 갔어. 1223년부터 1392년까지 169년 동안 무려 529회나 쳐들어 왔다니까.

그런데 화살을 맞아도 죽지 않는 왜구가 있다는 소문이 돌았어. 그 소문을 들은 이성계는 그가 나타난다는 곳에서 기다렸어. 조금 뒤 왜구가 우쭐대며 나타나자, 얼른 화살 한 대를 쏘았지. 화살이 투구를 맞히자, 왜구는 깜짝 놀라 소리쳤어.

---

45 신라 제30대 왕으로 삼국 통일을 완성함.
46 고려 우왕 때의 무신으로 안팎으로 적을 물리친 명장.
47 조선을 세운 초대 왕으로 묘호는 태조임.
48 여러 척의 배가 항해 등을 위해 집결하여 구성된 집단.

『어이쿠, 내 투구가 벗어지겠다.』

이성계는 얼른 두 번째 화살을 쏘았어. 화살은 공중을 가르며 날아가, 왜구의 벌린 입안을 뚫고 지나갔지.

『캑!』

왜구는 제대로 소리도 지르지 못하고 죽었어.

부지런히 무찌른 덕에 왜구의 세력이 조금 줄어들긴 했으나, 고려는 결국 망하고 말았어. 하지만 왜구를 물리친 이성계의 명성은 높아졌지. 이성계가 고려를 대신해서 조선을 세우겠다고 선언하자, 많은 사람들은 천명이 이성계에게 옮겨 가는 것 같다며 지지했어. 왜구들이 이성계가 나라를 세우는 것을 도와준 셈이야.

이성계의 아들 이방원(李芳遠)[49]도 일찍부터 아버지를 따라다니며 왜구를 물리치는 데 앞장섰어. 그래서 나중에 왕이 되자, 백성들이 울릉도를 오고 가지 못하도록 막았어. 왜구가 힘으로 모든 것을 빼앗아 간다는 것을 잘 알고 있었거든.

---

49 조선 제3대 왕 태종.

대신 강원감사에게 울릉도를 정기적으로 순찰하라고 명령했어. 그러자 대마도는 그동안 잡아 두었던 포로들을 조선으로 돌려보내며, 자신들이 대신 울릉도에서 살 수 있게 해 달라는 부탁을 했어. 이방원은 나라에는 국경이 있는 법이라며 거절했지.

대마도는 광해군(光海君)[50] 때에도 울릉도를 의죽도(礒竹島: 이소다케시마)라고 부르며, 마치 그것이 울릉도와 다른 섬인 것처럼 속이려고 했어. 하지만 조선이 의죽도가 곧 울릉도라는 것을 설명하고 대마도를 깨우쳐 주었지.

당시에는 대마도가 조선과의 외교를 독차지하고 있었어. 조선은 왜인들이 해적질을 못 하게 하는 대신에, 교역을 해서 먹고살게 해 주었거든. 그런데도 그들은 틈만 나면 약탈을 했어. 도요토미 히데요시가 임진왜란을 일으켰을 때도, 앞장서서 왕궁을 불태우는 등 온갖 못된 짓을 저질렀지.

그러던 중 일본에 메이지유신(明治維新)[51]이라는 개혁이 일어났어. 막부 장군을 대신하여 천황이 나라를 다스리게 된 거야. 그러자 일본 정부는 대마도가 독점한 조선 외교를 외무성

---

50 조선 제15대 왕으로 명과 후금 사이에서 실리외교를 펼침.
51 일본 메이지왕 때 막번 체제를 무너뜨리고 왕정복고를 이룩한 변혁 과정.

에게 맡겼어. 그러자 대마도는 가난한 섬이 되었지. 조선의 은
혜를 원수로 갚은 결과라고 할 수 있지. 지금도 대마도는 우리
관광객들이 뿌리는 수입에 크게 의존하고 있단다."

일본에
납치당한
안용복

"어휴, 일본은 왜 자꾸 우리나라 사람들을 괴롭히는지 모르겠어요."

아빠 이야기를 들으면 들을수록 자꾸 화가 났다. 아빠가 내 등을 토닥여 주셨다.

"효정아, 모든 사람이 당하기만 한 건 아니야. 당당하게 일본에 맞선 조상도 있어. 아빠가 지금부터 하는 이야기를 잘 들어. 아빠가 아주 좋아하는 사람에 관한 이야기거든."

"그 사람이 누군데요?"

언니가 눈을 동그랗게 뜨고 물었다.

"안용복이라는 상인에 관한 이야기야. 독도 이야기를 할 때 빼놓을 수 없는 아주 중요한 분이지. 안용복은 효종 5년(1654)에 지금의 부산시 좌천동 근처에서 태어났어. 어떤 사람들은 그를 천민이라고 말하고 있지만, 아빠가 보기엔 그건 너무 단순한 판단인 것 같구나. 활동한 것을 살펴보면, 신분이 그렇게 높지는 않지만 많은 능력을 가지고 있었다는 것을 알 수 있거든. 영의정 남구만이 '녹록한 사람이 아니라 위급할 때 쓸 만하다'고 평한 것을 보아도 알 수 있지. 그의 선조가 어떤 사건에 휘말려 신분이 전락된 가문의 후손이라는 말이 있는데 그 말이 맞는 것 같단다.

안용복은 왜관(倭館)[52] 근처에서 자라서 일본말을 잘했단다. 그가 20대 청년일 때, 두모포 왜관을 초량으로 옮기는 공사가 벌어졌는데, 조선 사람들도 거기에서 일을 많이 했지. 조선 사람들은 일본 사람들과 말이 통하지 않을 때마다 안용복에게 와서 물었어. 일본 사람들도 마찬가지였고. 그럴 때마다 안용복이 중간에서 서로의 뜻을 잘 알아들을 수 있도록 도와주었지.

훗날 수군에서 군역을 마친 안용복은 그 경험을 살려 동

___

52 일본인이 우리나라에 들어와서 교역을 하기 위해 설치했던 장소.

해를 중심으로 유통업을 했단다. 당시 동해에서는 국제 교역업이 성행했거든. 중국 사람이나 일본 사람들만이 아니라 서양 사람들까지 참가했어. 조선은 물론 중국이나 일본도 일반인들이 바다에 나가는 것을 금하는 해금정책을 실시하고 있었지만, 모든 사람이 국법을 준수하는 것은 아니었어. 나라의 법을 어기는 이익 활동은 위험하지만, 위험하기 때문에 이익도 많거든. 그렇게 이익이 많은 일을 국가에서 모르면 안 되잖아. 특히 동해의 경비나 국방도 책임지는 부산첨사는 동해의 정보를 반드시 알아야 해. 그래야 감시도 하고 세금도 거둘 수 있거든. 그 부산첨사에게 동해의 정보를 제공하는 여러 사람 중에 안용복도 끼어 있었단다.

그러니까 안용복은 어선에 고용된 선원이나 배 한 척을 가지고 어렵에 참가하는 선주가 아니라, 동해에서 이루어지는 국제교역업에 참가하는 배들을 선단으로 조직하고 그것을 관리했지. 그곳에서 거래되는 상품들을 유통하는 일을 총괄하는 책임자로 보아야 한단다.

도요토미 히데요시가 일으킨 임진왜란 때문에 조선이 울릉도를 관리하는 일에 소홀할 때가 있었단다. 그러자 일본 어부들이 그 틈을 이용하여 울릉도에 건너다니며 밀렵을 하기 시작했어. 그때 일본 조취번의 오오야 진키치(大谷甚吉)라는 상인이 폭풍을 만나 울릉도에 잠시 표착(漂着)[53]한 적이 있단다. 산물이 풍부하다는 것을 안 오오야 진키치는 산물을 취하고 그곳을 중개로 밀무역을 하면 엄청난 부자가 될 수 있다고 생각하고, 울릉도에 건너다닐 수 있는 권리를 독점할 수 있는 방법을 궁리했어. 바로 조취번이 아니라 막부의 허가를 받는 거였어.

조취번의 허가를 받으면, 다른 번(他藩)의 허가를 받은 상인과 어부들도 건너다닐 수 있기 때문에, 일본 정부를 대표하는 막부의 허가를 받아야만 독점할 수 있거든. 그러기 위해서는 막부의 권력자를 통하여 허가를 받는 것이 효과적이라고 판단했지. 또 그러는 편이 비공식적으로 허가를 받기도 쉬웠어. 번에 신청하면 공식문서로 신청하고 회의를 하는 등 어려운 점이 많은데, 권력자를 통하면 쉽게 받을 수 있으니까.

막부의 관리와 상인이 서로 도와주며 이익을 나누는 것이 효과적이고 쉽다고 판단한 거야. 그 판단대로 해서 조취번의 상인은 울릉도를 오고 가는 것을 독점할 수 있는 권리를 얻었단다.

하지만 그것은 조선 조정의 허가를 받은 것이 아니라, 일본

---

53 물결에 떠돌아다니다가 어떤 뭍에 닿음.

사람들끼리 한 일이었어. 당시 일본도 울릉도가 조선의 영토라는 것을 알고 있었기 때문에, 공식적으로 처리할 수가 없었던 거지. 상인과 막부의 권력자 간에 몰래 이루어진 허가였던 거야."

"그것을 유식한 말로 정경유착(政經癒着)이라고 하지요."

언니가 잘난 척 이야기에 끼어들었다.

아빠는 그런 언니가 기특하다는 듯 바라보시다 이야기를 계속하셨다.

"그렇게 허가를 얻은 조취번의 상인은 울릉도를 자유롭게 건너다니며 전복과 해산물을 따다 팔아서 큰 부자가 되었어. 주로 울릉도에서 어렵을 했는데, 오가는 도중에 독도에 들러서 전복과 물개를 잡기도 했지. 그래서 그 상인은 조취번이라는 지역의 상인이었는데도, 막부의 장군을 정기적으로 알현(謁見)[54]할 수 있는 특권까지 누렸단다.

상인은 장군을 알현할 때마다 장군과 관리들에게 울릉도에

---

54 지체가 높고 귀한 사람을 찾아가 뵘.

서 잡은 전복을 선물로 바쳤어. 기회가 있을 때마다 관리들에게 뇌물을 바치고, 계속 울릉도와 독도를 제집 드나들듯 오고 갔지. 그렇게 조선 몰래 70여 년이나 건너다니다가 보니, 일본 사람들은 울릉도가 조선의 섬이라는 사실을 까맣게 잊었단다.

그 무렵 조선에서는 울릉도에 백성들이 오고 가는 것을 막았어. 그러면서도 바닷가 어부들이 먹고살기 위해 건너다니는 것은 묵인했단다. 그러다 보니 울릉도에서 조선 사람들과 일본 사람들이 부딪치는 일이 자주 생겼단다.

1693년 봄에는, 안용복을 포함한 50여 명이 울릉도에서 어렵을 비롯한 교역을 하고 있었어. 그때 일본 어부들도 건너와서 어렵을 하고 있었지. 두 나라 어부들 사이에 말다툼이 벌어졌어. 그러자 일본 어부 22명이 안용복의 부하 박어둔을 납치하려고 했어. 그것을 본 안용복은 박어둔을 구하려고 일본 배에 뛰어올랐다가 같이 납치되고 말았지.

안용복과 박어둔을 납치한 일본 어부들은 잘못을 인정하라며 다그쳤어.

『왜 우리나라의 죽도[55]에 온 것이냐?』

---

55 당시 일본은 울릉도와 독도를 죽도와 송도라고 부름.

그러자 안용복은 당당하게 대답했어.

『우리 땅인 울릉도에 우리가 갔는데, 무엇이 잘못이냐? 네 놈들이야말로 우리 땅을 침범한 죄인들이다.』

도리어 일본 어부들을 꾸짖었지. 그러자 일본 어부들은 칼과 총기까지 들이대며 잘못을 인정하라고 협박했지. 하지만 안용복은 조금도 주눅 들지 않고 일본의 잘못을 조목조목 따졌어. 설득할 수 없다고 판단한 일본인들은 두 사람을 조취번에 넘기며 벌을 주라고 요구했어. 그러자 조취번도,

『다시는 죽도에 오지 못하도록 혼내 주십시오. 그래야 전복도 계속 바칠 수 있습니다.』

어민들의 말만 믿고 조선인의 처벌을 막부에 요구했다. 그러자 막부는 조취번에 공문을 보내 물었지.

『너희들이 죽도를 언제부터 통치했느냐?』

그러자 조취번은 이상한 내용의 보고를 했어.

『죽도와 송도는 우리의 섬이 아닙니다.』

그렇게 모순된 보고를 받은 막부의 장군은 울릉도가 조선
의 영토라는 증서를 써 주고, 두 사람을 조선으로 돌려보내
라는 명령을 내렸어. 그러자 조취번은 태도를 바꾸어 90명의
호송단을 조직하고, 안용복과 박어둔을 가마에 태우고, 가마
앞에는 물을 뿌리고 옆에서 부채질까지 해 주면서 나가사키
(長崎)까지 호송하여, 그곳에서 대마번에게 양도했지. 그때
일본 사람들은 반찬이 많아야 세 가지인데, 둘에게는 7가지
나 차려 주었단다."

아빠는 조취번이 두 사람을 귀빈으로 모신 이유를 모르겠
다며 고개를 갸웃거리시다가 이야기를 계속하셨다.

"나가사키에서 조선인을 양도받은 대마번은 3개월간이나
더 심문하면서, 안용복이 에도에서 받은 서찰과 물품들을 모
두 빼앗았어. 그런 다음, 동래부사에게 두 사람을 건네주면서
엉뚱한 요구를 했어.

『앞으로는 조선 사람들이 죽도에 건너다니지 못하게 해 달

라. 이것이 장군의 뜻이다.』

　영토 분쟁이 벌어지게 된 거야. 그러자 8개월 동안이나 끌려다녔던 안용복이 일본의 정보를 조정에 제공하며 진실을 알렸어.

『대마번의 요구가 막부 장군의 뜻과 다르다.』

　그런데도 조선의 관리들은 안용복을 만나주지도 않았어. 오히려 감옥에 가두었지. 안용복은 나라의 법을 어기고 바다에 나갔다는 죄로 2년형을 살았어. 그러는 사이에 장희빈 사건[56]으로 조선의 권력이 바뀌었어. 일본과 다투는 것이 번거롭다며 안용복을 만나 주지도 않았던 세력이 물러나게 되었지. 정권이 바뀌어 영의정이 된 남구만은 안용복이 제공한 정보와 조선 기록이 전하는 내용을 정리하여 '울릉도가 조선 강원도의 땅'이라는 사실을 설명해 주었어. 그러자 대마번은 억지를 부리면 온갖 협박을 했어.

56　장희빈은 조선 숙종의 빈인 소의 장 씨로, 경종이 된 왕자 윤을 낳았다. 장희빈 사건은 갑술년(1694년)에 일어난 반역죄를 다스린 사건이다. 남인들이 폐비 민씨의 복위를 꾀하는 소론의 김춘택, 한중혁 등을 제거하려다 실패해서 화를 당하자, 이를 계기로 남인계의 세력이 무너지고 소론계가 집권하게 됨.

『옛날에는 그랬지만, 도요토미 히데요시가 점령했기 때문에 지금은 일본 땅이다.』

『우리의 말을 듣지 않으면 임진란과 같은 전쟁이 또 일어난다.』

그렇게 영토분쟁이 장기화되자 막부의 장군이 대마번주를 에도로 불러 말했어.

『우리가 죽도를 취한 일이 없다. 또 죽도에 우리 일본 사람이 사는 것도 아니다. 그러므로 우리나라 사람들이 건너가지 않으면 문제가 해결된다.』

그리고 일본 사람들이 죽도와 송도에 건너다니는 것을 금하는 '죽도도해금지령'을 내렸지. 그게 바로 1696년 1월 28일의 일이란다.

막부는 그 사실을 조선에 알리라는 명령을 대마번에 내렸어. 당시 조선과의 외교를 대마번이 독점하고 있었기 때문에 대마번에게 명령한 거야. 그러나 대마번은 그런 사실을 조선에 알려 주지 않았어. 그렇지만 일본 어부들이 공식적으로 울릉도와 독도에 건너다니는 일은 없게 되었지. 몰래 건너다니다 들켜서 사형을 당하는 일은 있었지.

안용복과 박어둔은 1693년 4월 18일에 납치되어 오키(隱岐), 요나고(米子), 돗토리(鳥取), 에도(江戶), 나가사키(長崎), 쓰시마(對馬島), 부산의 왜관 등지로 끌려다니며 심문을 받다가 12월 10일에 동래부사에게 양도되었단다."

"말도 안 돼! 어떻게 일본의 잘못을 알려 준 안용복을 감옥에 가둬요? 나 같으면 우리나라에서 살고 싶지 않았을 것 같아요."

내 말에 아빠가 껄껄 웃으셨다.

"그러게. 하지만 안용복은 납치까지 당하고 억울하게 죄인 취급을 당했는데도 포기하지 않았어. 직접 일본까지 가서 일본 사람들의 잘못을 꾸짖었지."

"정말요?"

"그럼."

용감한 독도지킴이,
안용복 장군

아빠의 이야기는 계속되었다.

"대마번이 죽도도해금지령을 조선에 알리지 않았다는 것을 모르는 안용복은, 2년형을 살고 나오자 11명의 일행을 구성하고, 배에다가는 '조선의 울릉도와 우산도를 관리하는 안동지가 탄 배(朝鬱兩島監稅將臣安同知騎)'라는 커다란 걸개를 걸고, '대마번의 비리를 소송하겠다'며 조취번을 찾아갔어. 조취번을 향해 가던 도중에 폭풍을 만나 은기섬(隱岐島)에 표착하자, 안용복은 그곳 관청을 찾아가 '조선팔도지도'의 울릉도와 독도를 가리키며 설명했어.

『일본이 말하는 죽도와 송도는 조선 강원도의 울릉도와 독도입니다.』

그리고 조취번에 안내해 줄 것을 요구했어. 은기도 관리들이 서두르지 않자, 안용복 일행은 배를 저어 바다를 건너갔지. 그러자 조취번은 2대의 가마와 9필의 말을 내어 일행 11명을 영접했어. 최고의 숙소라는 '정회소'에 머물게 하고, 일행 11명을 대접하는 관리를 특별히 임명했지.

그러자 안용복은 '통정대부'라는 벼슬을 칭하고 그것에 어울리는 복장을 하고 조취번을 방문하여, 대마번의 비리를 기록한 소송장을 막부에 전달해 달라며 제출했어.

조취번은 그 소송장과 일행 11명에 관한 내용을 기록하여 에도에 있는 출장소를 통해 막부에 제출했지. 그러자 에도에 파견되어 있는 대마번의 번주와 가신들이 그 사실을 알고 크게 놀라, 사태를 수습하려고 했어. 그들은 1월 28일에 내린 죽도도해금지령을 조선에 전하지 않았기 때문에 크게 당황했지.

대마번은 조선과의 교류를 독점해서 많은 돈을 벌 수 있었거든. 그런데 조선이 조취번과 교류하게 되면 외교를 독점한다는 특권을 잃어, 경제적 손해가 크기 때문에, 번주와 가신들은 막부의 고관들을 찾아다니며 애원했어.

『조선과의 교류는 우리가 독점하고 있습니다. 그런데 조선이 조취번을 통해 소송을 제기하는 것은 일본의 법을 무시하는 일이고, 장군의 권위를 인정하지 않는 일입니다. 그러므로 소송을 접수하지 말고 기각시켜 주십시오.』

그러자 막부의 관리들도 처음과는 태도가 달라졌지.

『조선인의 소송을 접수하지 말고, 돌려보내라.』

대마번의 뜻에 따라 소송을 접수하지 말고 안용복 일행을 돌려보내라는 명령을 조취번에 내렸지. 안용복 일행은 결국 뜻을 이루지 못하고, 강원도 양양으로 돌아왔어. 그리고 강원 감사에게 체포되어 비변사에서 심문을 받았지.

조정에서는 당시 영의정인 유상운의 주장에 따라 안용복에게 사형을 내리기로 확정했어. 영의정 유상운은 안용복이 멋대로 일본에 건너가 외교적 문제를 일으켰으므로 사형에 처해야 한다고 주장했어. 하지만 영의정 자리에서 물러난 남구만이 유상운에게 편지를 보냈어.

『대마번의 비리를 밝혀낸 안용복을 사형시키는 것은 좋지 않습니다.』

그러자 다음에 열리는 어전회의에 영의정 유상운은 참석하지 않았어. 대신에 영의정 자리에서 물러나 은거하고 있던 남구만과 그 세력들이 대거 참석하였지.

『대마도의 거짓을 밝혀낸 안용복을 사형시키면 안 됩니다.』

이들이 안용복의 사형을 반대하자, 우의정을 지낸 윤지완과 훈련대장 신여철도 나서서 사면을 요구하는 이상한 일이 벌어졌어. 일개 천민이 국법을 어겼다면, 대마번의 요구대로 사형시키면 문제가 해결돼. 그런데 높은 관리들이 나서서 안용복을 사면시킨 거야.

이는 대마번과 영토분쟁을 하던 남구만이

『분쟁이 해결되지 않는 것은 대마번이 중간에서 사실을 왜곡하기 때문이다. 사실을 에도 막부에 전하면 문제가 해결될 것이다. 그러므로 대마번이 아닌 조취번을 통해 사실을 전달하자.』

라는 판단을 하고, 안용복에게 밀명을 주어 조취번에 파견했기 때문이야. 남구만이 밀사를 파견한 사실은 일본의 기록에도 나와 있어. 안용복이 밀명을 받고 갔기 때문에 조취번도 가마와 말을 내어 일행을 영접했던 거야.

원래 밀명이라는 것은 성공했을 때 공표하는 것으로, 실패하면 없었던 일로 덮어 버리고 말아. 또 비밀리에 실시하는 일이기 때문에, 아는 사람이 별로 없지. 남구만이 영의정일 때 안용복을 밀사로 파견한 사실을, 당시에는 유상운도 몰랐기 때문에 사형을 주장했던 거야. 나중에 남구만이 편지로 알려 주자 어전회의에 일부러 참석하지 않은 거지. 말하자면 남구만 세력이 어전회의에 참가해서 안용복의 사면을 주장할 수 있는 기회를 만들어 준 거야.

일본은 이런 안용복을 인정하면, 독도를 죽도라고 부르며 자기 땅이라고 주장할 근거가 없어지기 때문에, 안용복을 거짓말쟁이로 몰고, 안용복의 진술을 전하는 조선의 기록 모두를 부정했어.

『거짓말쟁이의 진술에 근거하기 때문에 믿을 수 없는 기록이다.』

그러나 안용복의 진술이 사실이라는 것은 조선의 기록만이 아니라 일본의 기록을 통해서도 쉽게 확인할 수 있단다."

대한제국,
위기에 처한 독도

"아빠, 일본의 에도 막부가 울릉도와 독도를 조선 땅이라
고 인정했다면서요? 그런데 왜 아직까지 일본이 독도를 자기
네 땅이라고 우기는 거예요?"

언니가 물었다.

"일본의 에도 막부가 울릉도와 독도가 조선의 영토라고 인
정한 이래, 그 뜻은 변함이 없었어. 그 뒤로 일본에서는 메이
지유신이 일어나서, 장군이 아닌 천황이 일본을 다스리는 일
본제국이 세워졌지. 일본제국은 침략으로 나라를 발전시키
겠다는 정책을 정하고, 조선을 첫 침략상대로 삼았어. 교류를
하고 싶다면서, 군함을 이끌고 쳐들어왔지. 대포를 마구 쏘아
대고, 멋대로 관리들을 보내 동해의 지리를 조사해서 발표했
어. 그때만 해도 '송도와 죽도는 조선의 독도와 울릉도'라고

발표했었지. 국제적 눈치를 살피느라 역사적 사실까지 부정하지는 못했거든.

하지만 침략할 준비를 마치자 태도를 확 바꾸었어. 군함을 몰고 와서 막무가내 트집을 잡았어. 조선은 그것도 모르고, 강화도에 나타난 군함에 돌아가라고 요구했어. 일본은 바라고 있던 일이라 물러나기는커녕 조선을 더 자극했지. 조선은 꼬임에 빠져 먼저 대포를 쏘았어.

『드디어 걸려들었다. 마구 쏘아대라.』

일본군은 좋아라 하며 마구 대포를 쐈고 육지로 올라와 닥치는 대로 사람들을 죽였어. 일본병사는 겨우 2명이 다쳤는데, 조선 병사는 35명이나 죽었지. 그런데도 일본은 조선을 위협하여 일본인의 치외법권(治外法權)[57]을 인정하는 조약을 맺었어.

『일본 사람들이 조선에서 어떤 짓을 해도, 조선은 처벌할 수 없다.』

---

57 다른 나라의 영토 안에 있으면서도 그 나라 국내법의 적용을 받지 아니하는 국제법 권리.

그 뒤로 일본은 아무데서나 대포를 쏘아대며, 나라를 침탈하기 시작했지.

『죽도와 송도는 조선 땅인데, 지도에 실어야 합니까, 말아야 합니까?』

당시 일본 지도의 자료를 정리하던 도근현(島根縣)[58]의 관리가 내무성에 물었으나 대답을 얻지 못했지. 그래서 다시 위 기관인 태정관에 물었어.

『죽도와 송도는 일본 땅이 아닌데 어떻게 해야 합니까?』

『그곳은 일본의 섬이 아니다.』

태정관은 대답이었어.
그리고 지도에 싣지 말라고 지시했지. 일본의 최고 기관이 독도와 울릉도를 조선의 영토로 인정한 거야.
바로 그때 일본 상인 하나가 독도에서 물개를 잡기 위해,

---

58 시네마현으로 일본 혼슈 남서부에 위치함.

조선의 허가를 구하려고 했어. 그걸 안 일본 해군의 관리가 일본에 허가를 신청하라고 했지. 상인이 허가를 해 달라고 하자, 일본 내무성은 한국을 침탈하려는 야심을 외국이 알면 곤란하다며, 접수를 받아 주지 않았어. 그러자 외무성의 관리가 실망한 일본 상인을 설득했어.

『이렇게 시국이 어수선할 때에 송도를 일본 영토에 넣어야 한다. 그래야 전쟁에 이롭다.』

다시 접수시키고 허가도 내주었지. 그러자 일본제국은 1905년 2월 22일에 갑자기 발표 하나를 했어.

『동해에서 주인이 없는 섬을 발견했으므로 죽도라고 이름 지어 일본 땅으로 한다.』[59]

이것을 '무주지 선점론'이라고 해.
일본은 조선을 협박해서 기어이 1905년 11월 17일에 을사

---

59   그때까지 송도라고 부르던 독도를 죽도라고 부르기 시작했다

늑약(乙巳條約)⁶⁰을 맺었어. 그 뒤로 미국을 비롯한 강대국들은 '무조건 일본의 주장이 옳다'며 일본 편을 들었지. 국제무대에서 조선은 일본의 상대가 되지 못했어. 하지만 대한제국은 일본의 못된 의도를 미리 알고 1900년 10월 25일에 독도가 조선의 영토라는 칙령을 반포했어.

『울릉도를 울도로 개칭하여 강원도에 부속시킨다. 도감은 군수라고 칭한다. 군청을 태하동에 두고 울릉 전도와 죽도 석도를 관할한다.』

그런데도 일본은 독도가 주인이 없는 섬이라고 주장하며, 독도를 일본 영토에 넣었어. 조선에 알리지도 않았지.

1년 뒤, 도근현의 관리가 울릉도 군수 심흥택을 찾아갔어. 우연히 찾아온 것처럼 꾸민 뒤,

『죽도는 대일본제국의 관리인 내가 관리하는 섬이다.』

---

60 1905년 일본이 대한제국을 강압하여 체결한 조약으로 외교권 박탈과 통감부 설치 등을 주요 내용으로 하며, 이 조약으로 대한제국은 명목상으로는 일본의 보호국이나 사실상 일본의 식민지가 됨.

라며 독도를 일본 영토에 넣었다고 말했어. 그리고 그곳에서 잡았다며 물개 한 마리를 선물했지. 그건 이미 영유권을 행사했다는 사실을 알려 주는 뇌물이었어. 그런데도 군수는 해서는 안 될 말을 했어.

『맛있으니, 또 주세요.』

일본 관리가 독도에서 물개를 잡는 것을 인정하는 것은, 독도를 일본의 영토로 인정하는 것으로 해석할 수도 있는데도 말이야. 심흥택은 그들이 돌아간 이틀 뒤에 강원 감찰사를 통해 조선 조정에 보고를 했지.

『독도를 일본 영토로 편입했다고 합니다.』

그러나 조선은 이미 을사늑약으로, 일본의 보호를 받는 나라가 되어 있었어. 모든 것을 이토 히로부미가 마음대로 하고 있어서, 조선의 관리가 할 수 있는 일은 아무것도 없었지. 억울하게 땅을 빼앗긴 백성들만 땅을 치며 울어댈 뿐이었지."

"어휴, 결국 힘이 없어서 우리 땅 독도가 일본 영토에 포함되었다는 것을 알면서도 제대로 대응을 하지 못한 거네요."

언니가 답답하다는 듯 한숨을 쉬었다.

"일본의 관리들은 나라의 정책에 맞추어 일사불란(一絲不亂)[61]하게 행동했는데, 우리나라는 모든 권리를 일본에 빼앗기고 허둥대고 있었으니, 한심스러운 일이었지. 나라가 그러니 울릉도 군수인들 어떻게 하는 것이 좋은 것인지를 잘 몰랐을 거야. 그래도 재빨리 보고해서, 일본에 항의할 수 있는 정보를 제공했으니 다행이지. 승혜야! 효정아! 아빠가 왜 이긴 이야기를 들려주는지 이제 알겠지? 그래서 제대로 알고 똑바로 행동해야 하는 거야."

"네, 아빠!"

앗, 이럴 수가! 시키지도 않았는데, 언니와 내가 마음을 맞춰 동시에 대답을 했다!

---

61 한 오라기 실도 엉키지 아니함이란 뜻으로, 질서나 체계 따위가 잘 잡혀 조금도 흐트러지거나 어지러운 데가 없음을 이르는 말.

죽도의 날?!
아니, 독도의 날!

일본의 도근현 사람들은 2월 22일을 '죽도의 날'로 정하고 있어요.

2005년에 도근현 의회는 "죽도는 역사적으로나 국제법적으로나 은기(隱岐)군에 속하는 고유 영토다. 그것을 대한민국이 반세기나 불법으로 점거하여 배를 육지에 대기 위한 접안시설을 만들고 국립공원의 지정을 검토하는 등 실효지배[62]를 강화하고 있다"며 일본의 섬을 우리가 불법으로 점거하고 있다며 비난했어요.

그들이 주장하는 죽도의 역사는 일본인이 70여 년간 울릉도와 독도에 건너다닌 사실을 말하는 거예요. 하지만 그것은 1696년에 막부의 장군이 일본인들이 오고 가는 것을 금지시킨 사실과는 다른 주장이에요. 그런 모순을 의식했는지, 현재

---

62   어떤 정권이 특정 영토를 실제로 다스리고 있는 것.

는 "1696년의 금지령에는 독도가 포함되지 않았다"는 말을 하며 기록의 내용을 왜곡하고 있어요.

막부가 울릉도에 건너가는 것만 금지시켰다는 주장인데, 그것은 막부가 1693년에 안용복을 납치한 조취번에, "죽도가 언제부터 조취번에 속하게 되었는가?"라고 문서로 묻자, 조취번이 서둘러 공문으로 "죽도와 송도는 우리의 땅이 아닙니다"라며 울릉도와 독도의 영유(領有)[63]를 부정한 사실을 무시하는 주장이지요. 그래서 기록을 중시하는 일본 학자 가운데는 "창피하다"고 말하는 사람도 있어요.

그런데도 일본은 그 주장을 거두어들이기는커녕 더 강화하려고 해요. 과거의 침략을 반성하는 용기가 없으니, 침략에서 정통성을 찾으려고 하는 거예요. 일본의 주장은 국제법적으로도 성립되지 않아요. 그런데도 일본은 옛날부터 자기들을 편들어 준 미국을 믿고 국제법 이야기를 자꾸 하고 있어요. 일본이 전쟁을 일으키자 연합국이 1943년에 카이로에 모여서 "폭력과 탐욕으로 빼앗은 모든 지역에서 일본을 몰아낸다"고 합의했거든요. 1945년 7월에 포츠담에서는 "카이로선언은 실행되어야 한다. 일본의 주권은 본주·북해도·구주·

---

63 자기의 것으로 차지하여 가짐.

사국과 연합군이 정하는 섬으로 한정한다"는 카이로선언을 다시 확인했어요. 일본은 1945년 8월 14일에 그것에 동의했고요. 이렇게 해서 우리는 1905년에 빼앗긴 독도를 되찾은 거예요.

일본이 항복하자 연합국 최고사령부는 1946년 1월에 '연합국최고사령부지령(SCAPIN) 677호'를 발표했어요. 그 안에는 "울릉도·리안쿠루암(송도·죽도)은 일본의 영토에서 제외한다" 즉, 독도를 한국의 영토로 한다는 내용이 포함되어 있어요. 6월에는 "일본의 선박은 독도의 12해리 안에 접근하지 못한다"라고 일본인의 독도 접근을 금하는 '맥아더라인'을 선포했어요. 그 뒤에 이승만 대통령이 맥아더라인을 이어받아 '평화선'을 선포해서, 독도가 우리 땅이라는 것을 분명히 했고요. 한편 연합국은 1949년부터 일본과 강화조약을 협의했는데, 그중에는 "일본은 한반도와 제주도, 거문도, 울릉도, 독도(리안쿠루암)를 포함한 가까운 바다의 모든 작은 섬들에 대한 권리를 포기한다"며 일본이 빼앗아 간 영토에서 손을 떼야 한다는 내용도 들어 있어요. 이것은 이후에 반복해서 이루어지는 회담의 초안에 다섯 번이나 포함되었죠. 그런데도 6차 회담이 열리자 일본의 외교 고문을 맡은 시볼트라는 미국인은 "독도는 일본 땅이다"라는 주장을 했어요. 기가

© 2014 권오원

막힐 이야기지요. 그러나 뉴질랜드·오스트레일리아·영국 등이 반대하여 뜻을 이루지 못했어요.

이게 모두 우리가 일본에 비해 국력이 모자랐기 때문에 생긴 일이예요. 일본의 식민통치를 받는 동안 외교 능력까지 빼앗겼거든요. 그에 비해 일본은 침략으로 구축한 국력을 배경으로, 활발한 외교를 펼 수 있었어요. 그런 일본을 상대로 우리가 할 수 있는 일은 "열심히 공부하여 모두가 잘 사는 나라를 만드는 일"밖에 없어요.

불과 얼마 전만 해도, 일본에 가는 사람들은 '코끼리표 밥통'을 사느라 정신이 없었어요. 그러나 요즘은 오히려 우리 밥통이 더 잘 팔리고 있어요. 인터넷 기술도 우리가 훨씬 앞서고 있어요. 일본제가 최고라는 말은 이미 옛날이야기가 되어 버렸지요. 영화나 K-POP 등 우리나라 문화를 좋아하는 외국인들도 늘고 있어요. 전쟁을 하지 않는 60여 년 동안 우리는 세계가 사랑하는 문화를 만들어 내고 있어요. 우리의 능력을 꾸준히 향상시켜야 해요. 그러면 "죽도는 한국의 독도입니다"라며 일본인들 스스로가 독도는 한국 땅이라고 인정하는 날이 반드시 올 거예요.

독도는 누가
뭐래도 우리 땅!

오늘도 도요토미 히데요시(豊臣秀吉)는
숙제물을 집에 두고 왔단다.
거짓말이다. 어제도 그렇게 말했다.

오늘도 가토 기요마사(加藤淸正)는
자기가 안 먹었단다.
거짓말이다. 입가에 떡고물이 묻어 있다.

오늘도 고니시 유키나가(小西行長)는
자기가 안 깼단다.
거짓말이다. 발밑에 파편이 있다.

오늘도 이토 히로부미(伊藤博文)는
자기 물건이라고 말한다.

거짓말이다. 순이 것이라고 적혀 있다.

오늘도 아베 신조(安倍晋三)는
평화를 사랑한다고 말한다.
거짓말이다. 그는 침략이 평화라고 말했다.

오늘도 일본은
독도가 자기 땅이란다.
거짓말이다. 독도는 처음부터 우리 땅이다.

우리가 사람을 싫어하는 데는 그럴 만한 이유가 있다.

"항상 지지분하다."
"게으르고 약속을 안 지킨다."
"폭력을 좋아하고 거짓말을 잘한다."

이렇다면 좋아할 수 없다.
그래도 반성한다면 좋아질 것이다.
그렇지 않으면 누가 그를 좋아하겠는가? 그러나,

"단정하고 예쁘다."

"친절하고 봉사할 줄 안다."

"좋은 능력으로 남을 도울 줄 안다."

이런 친구라면 좋아하지 않을 수 없다.

우리는 옛날부터 일본에 많은 것을 전해 주었다. 물을 관리하는 방법, 건물을 세우는 방법, 문자를 사용하는 방법, 요리하는 방법 등등 헤아릴 수 없을 만큼 많은 것을 전하며 일깨워 주었다.

"노래하고 춤추며 지내는 제사방법도 알려 주었다."

그렇다. 우리는 우리가 즐기던 문화도 전해 주었다. 그런데 일본에는 한국을 싫어하는 '혐한류(嫌韓流)'라는 말이 있다 한다. 한국문화를 좋아한다는 한류에 반대되는 말이라고 한다.

"일본이 우리를 싫어한다고요?"

"그렇다면 이유가 있겠네요?"

"그런 것 없이, 그냥 싫단다."

길고 긴 아빠의 이야기가 끝났다. 독도에 대해 알게 된 것은 기쁜데, 일본의 침략행위를 생각하면 자꾸 화가 나려고 했다.

"그냥 싫다니, 그런 무책임한 말이 어디 있어요?"

언니가 말했다.

"일본이 우리나라를 싫어하는 것은, 우리에게 잘못이 있어서가 아니야. 일본이 우리에게 한 일이 있기 때문에, 그 잘못이 부끄러워서, 그 잘못을 인정할 용기가 없어서 오히려 미워하는 거야.

일본은 옛날부터 침략으로 살아온 나라야. 그래서 그들은 전쟁과 침략에서 정통성을 구하려고 해. 과거의 잘못을 인정하면 그들의 역사 전부를 부정하는 것이 되기 때문에, 인정하지 않고 끊임없이 부정하려고 하는 거란다. 침략의 범죄를 미화하려고 하는 거지."

"자기네들이 한 짓을 감추려고 좋은 이웃인 우리나라를 미워하다니! 일본은 진짜로 용기가 없나 봐요."

화가 나는지 차분하던 언니의 목소리가 커졌다.

"맞아. 하루빨리 일본이 진정한 용기를 가졌으면 좋겠어."

내가 말했다.

"아빠도 그랬으면 좋겠구나."

아빠가 언니와 내 머리를 쓰다듬었다.

- The End -